高等职业教育土木建筑类专业教材

预算软件实务

主编 黄春霞 马梦娜

北京理工大学出版社
BEIJING INSTITUTE OF TECHNOLOGY PRESS

内 容 提 要

本书根据高等职业教育培养技能型人才的目标，并结合多年教学经验编写而成。全书共分为15个项目，主要内容包括首层钢筋工程量计算（一），首层钢筋工程量计算（二），二层钢筋工程量计算，屋面层钢筋工程量计算，基础层钢筋工程量计算，单构件钢筋工程量计算，首层土建工程量计算，二层土建工程量计算，屋面层土建工程量计算，基础层土建工程量计算（一），基础层土建工程量计算（二），其他土建工程量计算，装饰装修工程量计算，工程量清单计价，实训总结。

本书可作为高职高专院校工程造价等相关专业教材，也可作为全国建设工程助理造价工程师考试参考书。

版权专有　侵权必究

图书在版编目（CIP）数据

预算软件实务 / 黄春霞，马梦娜主编. —北京：北京理工大学出版社，2016.8（2024.1重印）
ISBN 978-7-5682-2822-0

Ⅰ. ①预… Ⅱ. ①黄… ②马… Ⅲ. ①建筑预算定额－应用软件－高等学校－教材 Ⅳ. ① TU723.33-39

中国版本图书馆 CIP 数据核字（2016）第 191481 号

责任编辑：孟雯雯		文案编辑：瞿义勇	
责任校对：周瑞红		责任印制：边心超	

出版发行 / 北京理工大学出版社有限责任公司
社　　址 / 北京市丰台区四合庄路6号
邮　　编 / 100070
电　　话 /（010）68914026（教材售后服务热线）
　　　　　（010）68944437（课件资源服务热线）
网　　址 / http://www.bitpress.com.cn
版 印 次 / 2024年1月第1版第4次印刷
印　　刷 / 北京紫瑞利印刷有限公司
开　　本 / 787 mm×1092 mm　1/16
印　　张 / 10.5
字　　数 / 210千字
定　　价 / 49.00元

图书出现印装质量问题，请拨打售后服务热线，负责调换

前　言

《预算软件实务》是工程造价专业进行岗位能力培养的专业实践教材，本课程针对人才需求组织教学内容，按照工作过程设计教学环节，充分考虑了职业教育的教学特点，强调将知识的学习融入项目训练过程中，体现了"学习内容是工作，通过工作实现学习"的工学结合课程特色，实现了行动、认知、情感的统一。

本书共分为15个项目，包括首层钢筋工程量计算（一）、首层钢筋工程量计算（二）、二层钢筋工程量计算、屋面层钢筋工程量计算、基础层钢筋工程量计算、单构件钢筋工程量计算、首层土建工程量计算、二层土建工程量计算、屋面层土建工程量计算、基础层土建工程量计算（一）、基础层土建工程量计算（二）、其他土建工程量计算、装饰装修工程量计算、工程量清单计价、实训总结等内容。此外，为了便于学习，本书还附有××职工宿舍楼施工图。

本书可按90学时安排实训，编者推荐每个项目6学时，教师可根据不同的教学情况灵活安排，课堂重点强调实训任务安排、要求等，具体实训内容由学生结合实训对应课程的学习内容及任务书要求完成，教师针对部分问题进行个别指导。本任务书注重理论与实践相结合，教师可以根据具体专业班级灵活组织实训教学，并选取适当的工程项目课题。

本书由陕西工业职业技术学院黄春霞、马梦娜担任主编。此外，广联达公司为本书编写提供了大量资料，在此一并表示感谢！

由于编写时间仓促，编者水平有限，书中难免存在不足和疏漏之处，敬请同行、专家和广大读者批评指正。

编　者

目 录

绪论 ·· 1

项目1 首层钢筋工程量计算（一） ·································· 4
   1.1 技能要求 ··· 4
   1.2 实训内容 ··· 4
   1.3 实训成果 ··· 10
   1.4 首层钢筋工程量（一）汇总 ································ 11

项目2 首层钢筋工程量计算（二） ·································· 12
   2.1 技能要求 ··· 12
   2.2 实训内容 ··· 12
   2.3 实训成果 ··· 19
   2.4 首层钢筋工程量（二）汇总 ································ 20

项目3 二层钢筋工程量计算 ··· 21
   3.1 技能要求 ··· 21
   3.2 实训内容 ··· 21
   3.3 实训成果 ··· 25
   3.4 二层钢筋工程量汇总 ·· 25

项目4 屋面层钢筋工程量计算 26
4.1 技能要求 26
4.2 实训内容 26
4.3 实训成果 31
4.4 屋面层钢筋工程量汇总 31

项目5 基础层钢筋工程量计算 32
5.1 技能要求 32
5.2 实训内容 32
5.3 实训成果 36
5.4 基础层钢筋工程量汇总 37

项目6 单构件钢筋工程量计算 38
6.1 技能要求 38
6.2 实训内容 38
6.3 实训成果 41
6.4 单构件钢筋工程量汇总 42

项目7 首层土建工程量计算 43
7.1 技能要求 43
7.2 实训内容 43
7.3 实训成果 54
7.4 首层土建工程量汇总 55

项目8 二层土建工程量计算 56
8.1 技能要求 56
8.2 实训内容 56
8.3 实训成果 58

  8.4 二层土建工程量汇总 ··· 59

项目9 屋面层土建工程量计算 ··· 60
  9.1 技能要求 ··· 60
  9.2 实训内容 ··· 60
  9.3 实训成果 ··· 64
  9.4 屋面层土建工程量汇总 ··· 65

项目10 基础层土建工程量计算（一） ······································ 66
  10.1 技能要求 ·· 66
  10.2 实训内容 ·· 66
  10.3 实训成果 ·· 70

项目11 基础层土建工程量计算（二） ······································ 72
  11.1 技能要求 ·· 72
  11.2 实训内容 ·· 72
  11.3 实训成果 ·· 74

项目12 其他土建工程量计算 ·· 76
  12.1 技能要求 ·· 76
  12.2 实训内容 ·· 76
  12.3 实训成果 ·· 79

项目13 装饰装修工程量计算 ·· 80
  13.1 技能要求 ·· 80
  13.2 实训内容 ·· 80
  13.3 实训成果 ·· 83

项目14　工程量清单计价 ·················· 85
    14.1　技能要求 ························· 85
    14.2　实训内容 ························· 85
    14.3　实训成果 ························· 99

项目15　实训总结 ······················ 103

参考文献 ··························· 104

《预算软件实务》配套工程图

绪 论

预算软件实务是工程造价专业的重要实践性教学环节，学生在学习了建筑工程工程量清单及计价的基础上，通过实训，能利用广联达钢筋算量软件和图形算量软件将图纸中的清单工程量计算出来，并可利用广联达计价软件计算其招投标价格；能了解实际工作中软件的操作方法及工作中经常出现的一些问题的解决方法，为以后利用预算软件开展工作打下良好的基础。

1. **实训准备**

1.1 发放预算软件综合实训报告。

1.2 确定实训分组，确定小组组长。

1.3 明确实训任务。

1.4 安排实训日程。

1.5 要求实训纪律。

1.6 说明实训报告填写要求。

1.7 说明实训成绩评定细则。

1.8 通过讲解，让学生熟悉图纸，了解工程概况。

1.9 通过讲解，让学生掌握工程图纸结构类型。

2. **课程目标**

2.1 知识目标。

A1. 练习轴网、柱、梁构件的钢筋算量软件操作步骤；

A2. 练习板、墙、门窗、过梁构件的钢筋算量软件操作步骤；

A3. 练习复制、修改操作步骤；

A4. 练习梁、板、挑檐、板洞钢筋算量软件操作步骤；

A5. 练习独立基础、条形基础、承台梁、柱钢筋算量软件操作步骤；

A6. 练习楼梯、桩钢筋算量软件操作步骤；

A7. 练习墙、柱、梁、板、门窗土建算量软件操作的结合方法；

A8. 练习复制、修改土建算量软件操作步骤；

A9. 练习梁、板、挑檐、板洞土建算量软件操作步骤；

A10. 练习桩、桩承台、基础梁、独立基础、条形基础土建算量软件操作步骤；

A11. 练习土方开挖、土方回填、房心回填土建算量软件操作步骤；

A12. 练习平整场地、散水、台阶、建筑面积土建算量软件操作步骤；

A13. 练习墙、楼地面、踢脚线、天棚土建算量软件操作步骤；

A14. 练习工程造价、换算土建算量软件操作步骤；

A15. 总结实训中遇到的问题及解决方法。

2.2 能力目标。

B1. 能够运用钢筋算量软件进行柱、梁构件工程量的计算；

B2. 能够运用钢筋算量软件进行板、墙、门窗、过梁构件工程量的计算；

B3. 能够运用钢筋算量软件进行复制、修改；

B4. 能够运用钢筋算量软件进行梁、板、挑檐、板洞构件工程量的计算；

B5. 能够运用钢筋算量软件进行独立基础、条形基础、承台梁、柱工程量的计算；

B6. 能够运用钢筋算量软件进行楼梯、桩工程量的计算；

B7. 能够运用土建算量软件进行墙、柱、梁、板、门窗工程量的计算；

B8. 能够运用土建算量软件进行复制、修改；

B9. 能够运用土建算量软件进行梁、板、挑檐、板洞工程量的计算；

B10. 能够运用土建算量软件进行桩、桩承台、基础梁、独立基础、条形基础工程量的计算；

B11. 能够运用土建算量软件进行土方开挖、土方回填、房心回填工程量的计算；

B12. 能够运用土建算量软件进行平整场地、散水、台阶、建筑面积工程量的计算；

B13. 能够运用土建算量软件进行墙、楼地面、踢脚线、天棚工程量的计算；

B14. 能够运用土建算量软件进行工程造价、换算；

B15. 能够灵活解决实训中遇到的问题，并应用到实际工程中。

2.3 素质目标。

C1. 具备高效的造价业务信息化技能素质；

C2. 具备独立编制工程量预算的素质；

C3. 具备独立分析和解决问题的能力。

3. 任务安排

序号	教学任务或项目	教学内容		
		知识	能力	素质
项目1	首层钢筋工程量计算（一）	A1	B1	C1、C2、C3
项目2	首层钢筋工程量计算（二）	A2	B2	C1、C2、C3
项目3	二层钢筋工程量计算	A3	B3	C1、C2、C3
项目4	屋面层钢筋工程量计算	A4	B4	C1、C2、C3
项目5	基础层钢筋工程量计算	A5	B5	C1、C2、C3

续表

序号	教学任务或项目	教学内容		
		知识	能力	素质
项目6	单构件钢筋工程量计算	A6	B6	C1、C2、C3
项目7	首层土建工程量计算	A7	B7	C1、C2、C3
项目8	二层土建工程量计算	A8	B8	C1、C2、C3
项目9	屋面层土建工程量计算	A9	B9	C1、C2、C3
项目10	基础层土建工程量计算（一）	A10	B10	C1、C2、C3
项目11	基础层土建工程量计算（二）	A11	B11	C1、C2、C3
项目12	其他土建工程量计算	A12	B12	C1、C2、C3
项目13	装饰装修工程量计算	A13	B13	C1、C2、C3
项目14	工程量清单计价	A14	B14	C1、C2、C3
项目15	实训总结	A15	B15	C1、C2、C3

4．考核标准

4.1 学生成绩以实习报告和实习纪律、实习过程中的表现为基准，分为五个等级：优秀、良好、中等、及格和不及格。

4.2 日常考勤、纪律占实习周成绩50%，实习报告完成情况占实习周成绩50%。

4.3 无缺勤、实训任务完成优秀，实训成绩评定为优秀。

4.4 缺勤3个学时以下、实训任务完成良好，实训成绩评定为良好。

4.5 缺勤3个学时以下、实训任务完成中等，实训成绩评定为中等。

4.6 缺勤3个学时以下、实训任务完成一般，实训成绩评定为及格。

4.7 缺勤3个学时以上、实训表现差、不能按时完成实训报告，实训成绩评定为不及格。

5．成果形式

5.1 广联达土建算量文件一份（电子版）。

5.2 广联达钢筋算量文件一份（电子版）。

5.3 广联达计价文件一份（电子版）。

5.4 实训任务书一份。

项目1　首层钢筋工程量计算（一）

1.1　技能要求

1.1.1　知识目标

1. 了解檐高的定义；
2. 了解建筑标高和结构标高的区别；
3. 掌握梁的平法标注和原位标注。

1.1.2　能力目标

1. 能够具备快速识图的能力；
2. 能够熟练掌握新建工程的设置；
3. 能够快速、熟练地定义和绘制柱、梁构件。

1.2　实训内容

1.2.1　新建工程

1. 工程概况

（1）本工程为广联达职工宿舍1号楼，建筑面积为1 131 m^2，室内外高差为300 mm，±0.000相对黄海标高为5.800 m，建筑总高度为10.800 m。

（2）本工程抗震设防烈度为六度，设计基本地震加速度值为0.05g，建筑抗震重要性类别为乙类。房屋结构使用年限为50年，框架抗震等级为四级，场地土类别为一类。

（3）本工程为框架结构体系，主体三层。

（4）混凝土除注明外均为C25。

2. 操作步骤

（1）启动软件。鼠标左键双击桌面上"广联达—BIM钢筋算量软件GGJ2013"图标，进入"欢迎使用GGJ2013"界面，如图1-1所示。

（2）新建工程。鼠标左键单击图1-1中的"新建向导"按钮，进入新建工程界面，如图1-2所示。依次输入各项信息，输入完成，单击"下一步"按钮，完成工程设置。

图1-1　新建向导

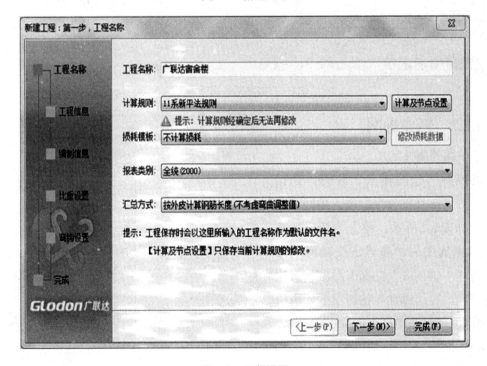

图1-2　工程设置

（3）建楼层。分析图纸"建筑设计说明"中楼层信息表，可知建筑标高和结构标高，根据结构标高信息设置楼层。

新建工程完成后，进入"楼层设置"界面，如图1-3所示。鼠标放至"首层"处，单击"插入楼层"，根据图纸信息输入基础层底标高和各层层高。

	编码	楼层名称	层高(m)	首层	底标高(m)	相同层数	板厚(mm)	建筑面积(m2)	备注
1	4	屋顶层	3.3	☐	9.87	1	120		
2	3	第3层	3.3	☐	6.57	1	120		
3	2	第2层	3.3	☐	3.27	1	120		
4	1	首层	3.3	☑	-0.03	1	120		
5	0	基础层	1.47	☐	-1.5	1	500		

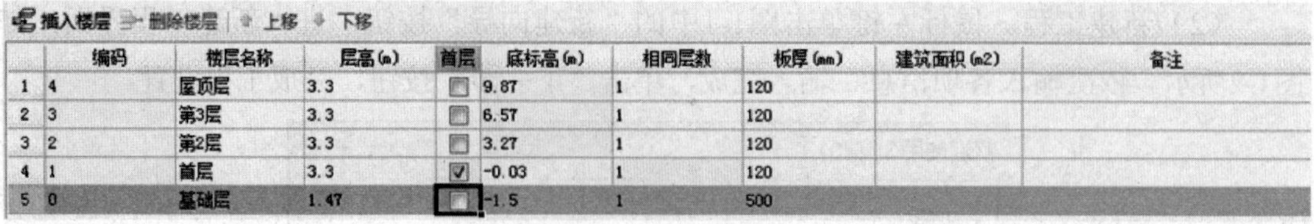

图1-3　楼层设置

（4）楼层默认钢筋设置。楼层建立完毕后，根据结构设计说明信息对“楼层默认钢筋设置”进行输入和修改。首层输入完毕后，可以使用右下角的“复制到其他楼层”命令，把首层的信息复制到其他楼层，如图1-4所示。

楼层默认钢筋设置(第3层, 5.95m~8.95m)

	抗震等级	砼标号	锚固						搭接						保护层厚(mm)	
			HPB235(A) HPB300(A)	HRB335(B) HRB335E(BE) HRBF335(BF) HRBF335E(BFE)	HRB400(C) HRB400E(CE) HRBF400(CF) HRBF400E(CFE) RRB400(D)	HRB500(E) HRB500E(EE) HRBF500(EF) HRBF500E(EFE)	冷轧带肋	冷轧扭	HPB235(A) HPB300(A)	HRB335(B) HRB335E(BE) HRBF335(BF) HRBF335E(BFE)	HRB400(C) HRB400E(CE) HRBF400(CF) HRBF400E(CFE) RRB400(D)	HRB500(E) HRB500E(EE) HRBF500(EF) HRBF500E(EFE)	冷轧带肋	冷轧扭		
基础	(四级抗震)	C30	(30)	(29/32)	(35/39)	(43/48)	(35)	(35)	(42)	(41/45)	(49/55)	(61/68)	(49)	(49)	(40)	包含所有的基础
基础梁/承台梁	(四级抗震)	C30	(30)	(29/32)	(35/39)	(43/48)	(35)	(35)	(42)	(41/45)	(49/55)	(61/68)	(49)	(49)	(40)	包含基础主梁、
框架梁	(四级抗震)	C30	(30)	(29/32)	(35/39)	(43/48)	(35)	(35)	(42)	(41/45)	(49/55)	(61/68)	(49)	(49)	(20)	包含楼层框架梁
非框架梁	(非抗震)	C30	(30)	(29/32)	(35/39)	(43/48)	(35)	(35)	(42)	(41/45)	(49/55)	(61/68)	(49)	(49)	(20)	包含非框架梁、
柱	(四级抗震)	C35	(28)	(27/30)	(32/36)	(39/43)	(35)	(35)	(40)	(38/42)	(45/51)	(55/61)	(49)	(49)	(20)	包含框架柱、
现浇板	(非抗震)	C30	(30)	(29/32)	(35/39)	(43/48)	(35)	(35)	(42)	(41/45)	(49/55)	(61/68)	(49)	(49)	(15)	现浇板、螺旋板
剪力墙	(四级抗震)	C35	(28)	(27/30)	(32/36)	(39/43)	(35)	(35)	(34)	(33/36)	(39/44)	(47/52)	(42)	(42)	(15)	仅包含墙身
人防门框墙	(四级抗震)	C30	(30)	(29/32)	(35/39)	(43/48)	(35)	(35)	(42)	(41/45)	(49/55)	(61/68)	(49)	(49)	(15)	人防门框墙
墙梁	(四级抗震)	C35	(28)	(27/30)	(32/36)	(39/43)	(35)	(35)	(40)	(38/42)	(45/51)	(55/61)	(49)	(49)	(20)	包含连梁、暗梁
墙柱	(四级抗震)	C35	(28)	(27/30)	(32/36)	(39/43)	(35)	(35)	(40)	(38/42)	(45/51)	(55/61)	(49)	(49)	(20)	包含暗柱、端柱

基本锚固设置　复制到其他楼层　默认值(D)

1、如果标记为首层，则标记层为首层，相邻楼层的编码自动变化，基础层的编码不变；
2、基础层和标准层不能设置为首层；设置首层标志后，楼层编码自动变化。编码为正数的为地上层，编码为负数的为地下层，基础层编码为0，不可改变。

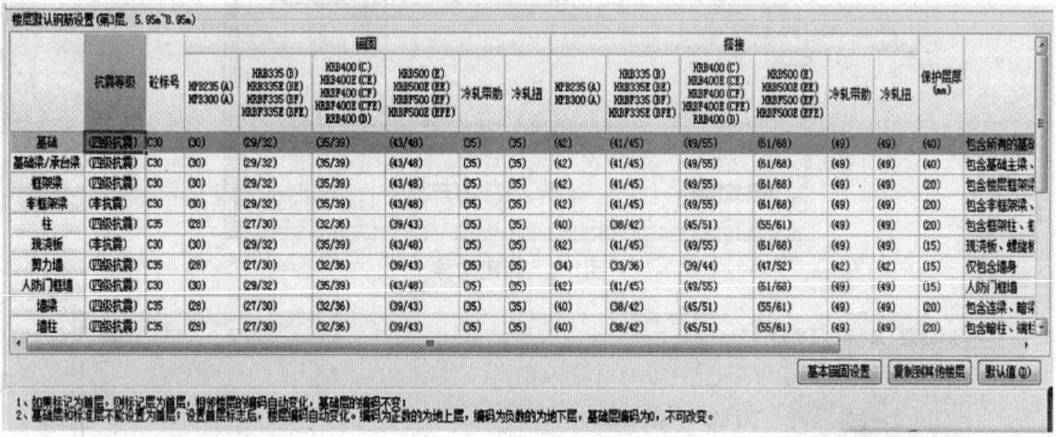

图1-4　楼层默认钢筋设置

1.2.2　新建轴网

1. 轴网的属性定义

切换到“绘图输入”界面。选择菜单中的“定义”命令，进入轴网定义界面，如图1-5所示。单击“新建”按钮，选择其中的“新建正交轴网”命令，新建“轴网-1”，根据图纸信息输入下开间，在“添加”按钮下的框中输入“3600、3600、3600、3600、3600、4500、3600、3600”；用同样的方法，依次输入左进深、上开间、右进深的数值，完成轴网的定义。定义完成后，单击右下角的“生成轴网”按钮。

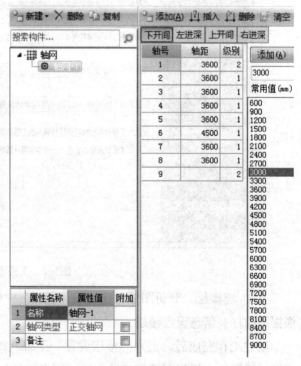

图1-5　新建轴网

2. 轴网的绘制

（1）轴网定义完成后，选择"绘图"命令，切换到绘图界面，弹出如图1-6所示的窗口，软件默认角度为0，本工程为水平正交轴网，角度按软件默认即可。

（2）单击"确定"按钮，轴网绘制完毕。

1.2.3 首层柱构件的定义和绘制

图1-6 轴网绘制

分析图纸结施-005可知，首层存在四种类型的框架柱，分别为KZ-1、KZ-2、KZ-3、KZ-4，且这四种类型的框架柱均为偏心柱。

1. 柱的定义

（1）在绘图输入的构件列表中选择"柱"，选择上方导航栏中的"定义"命令，进入柱的定义界面，如图1-7所示。

（2）单击"新建"按钮，选择"新建矩形框柱"命令，以KZ-4为例。新建KZ-4，根据图纸信息输入属性信息，如图1-8所示，完成KZ-4的定义。

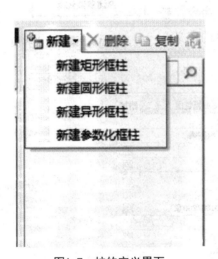

图1-7 柱的定义界面　　　　图1-8 KZ-4的定义

（3）完成KZ-4的定义后，按照同样的操作步骤，依次完成KZ-1、KZ-2、KZ-3的定义。

2. 柱的绘制

（1）完成KZ的定义后，切换到绘图界面。

（2）图纸中KZ-4为偏心柱，以⑤轴上的KZ-4为例。软件默认为"点"画法，把鼠标放至轴线交点处，单击"Shift+左键"，弹出偏移窗口，如图1-9所示，输入"X=0、Y=－150"，单击"确定"按钮，完成KZ-4的绘制。

图1-9　KZ-4的绘制

（3）KZ-4绘制完毕后，在工具栏中切换柱构件，依次完成KZ-1、KZ-2、KZ-3的绘制。

1.2.4　首层梁构件的定义和绘制

分析图纸结施-008可知，存在框架梁和非框架梁。框架梁主要有KL-1、KL-2、KL-3、KL-4、KL-5、KL-6、KL-7七种，非框架梁主要有L-1、L-2、L-3三种，要分别进行定义。

1. 梁的定义

（1）在软件界面左侧的构件列表中选择"梁"构件，选择导航栏中的"定义"命令，进入梁的定义界面，如图1-10所示。

（2）单击"新建"按钮，选择"新建矩形梁"命令，新建KL-1，根据图纸信息输入KL-1的属性，完成KL-1的定义，如图1-11所示。

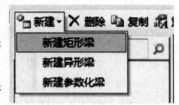

图1-10　梁的定义界面

	属性名称	属性值	附加
1	名称	KL-1	
2	类别	楼层框架梁	
3	截面宽度(mm)	250	
4	截面高度(mm)	570	
5	轴线距梁左边线距离(mm)	(125)	
6	跨数量	6	
7	箍筋	Φ8@100/200(2)	
8	肢数	2	
9	上部通长筋	2Φ16	
10	下部通长筋	3Φ16	
11	侧面构造或受扭筋(总配筋值)		
12	拉筋		
13	其它箍筋		
14	备注		
15	其它属性		
23	锚固搭接		
38	显示样式		

图1-11　KL-1的定义界面

（3）完成KL-1的定义后，按照同样的操作步骤，依次完成其他框架梁以及非框架梁的定义。

2. 梁的绘制

（1）切换到绘图界面。梁为线状图元，采用"直线"绘制。

（2）以KL-1为例，单击鼠标左键选中起点②，再单击左键确定终点⑧，即可绘制出KL-1，单击鼠标右键终止指令。在导航栏中可以进行框架梁的切换，根据图纸信息依次完成框架梁的绘制。

3. 梁的原位标注

梁的定义只是针对集中标注信息进行输入，还需要做梁的原位标注，并且由于梁是以柱和墙为基础绘制的，提取梁跨和原位标注之前，需要绘制好所有的支座。

（1）在"绘图工具栏"中选择"原位标注"选项，选择需要输入的框架梁，以KL-1为例，绘图区域变为图1-12所示的界面。

图1-12　KL-1的原位标注

（2）根据图纸中KL-1原位标注的信息，依次输入各跨的钢筋信息，如图1-13所示，绘图区显示原位标注的输入框，下方显示平法表格。输入钢筋信息时可以在绘图区显示的原位标注输入框中进行输入，这样比较直观；也可以在"梁平法表格"中输入，原位标注输入完毕，钢筋由粉色变为绿色。

跨号		标高(m)		构件尺寸(mm)						距左边线距离	上通长筋	上部钢筋			下部钢筋	
		起点标高	终点标高	A1	A2	A3	A4	跨长	截面(B*H)			左支座钢筋	跨中钢筋	右支座钢筋	下通长筋	下部钢筋
1	1	3.27	3.27	(175)	(175)	(175)		(3550)	(250*570)	(125)	2B16	3B16				3B16
2	2	3.27	3.27		(175)	(175)		(3600)	(250*570)	(125)		3B16				
3	3	3.27	3.27		(175)	(175)		(3600)	(250*570)	(125)		3B16				
4	4	3.27	3.27		(175)	(175)		(3600)	(250*570)	(125)		3B16				
5	5	3.27	3.27		(175)	(175)		(4500)	(250*570)	(125)		2B16				
6	6	3.27	3.27	(175)	(175)	(175)		(3650)	(250*570)	(125)		3B16		3B16		

图1-13　KL-1平法表格输入

（3）采用同样的方法对其他位置的梁进行原位标注。

知识链接

（1）新建梁时主要分为矩形梁、异形梁和参数化梁。其中，异形梁主要用于不规则截面梁的定义，通过定义网格，自行绘制的方法完成定义；参数化梁提供了不同截面形式的梁，根据图纸信息进行参数的输入即可完成定义。

（2）梁采用"直线"绘制，在绘制时要先绘制主梁，再绘制次梁。一般情况下，按照先上后下、先左后右的顺序来绘制，以保证所有梁都绘制。

（3）梁的标注分为原位标注和集中标注。梁绘制完毕后，一定要进行原位标注，才可以正确计算。图中的梁显示为粉色时，表示还没有进行梁跨的提取和原位标注的输入。在GGJ2009中，可以通过"原位标注""重新提取梁跨"以及"批量识别梁支座"三种方式来提取梁跨。对于没有原位标注的梁，可以通过提取梁跨把梁的颜色变为绿色；有原位标注的梁，可以通过输入原位标注把梁的颜色变为绿色。

1.3 实训成果

序号	任务及问题		解答	
	钢筋级别	专业表示符号	软件代号	
1	HPB300级钢筋 HRB335级钢筋 HRB400级钢筋	Φ、Φ、Φ	A、B、C	
2	如何建立楼层？			
3	如何新建轴网？			
4	简述框架柱的绘制方法。			
5	解释下列信息： KZ-1 350×450 10Φ18 Φ8@100/200			
6	什么是原位标注？			
7	简述框架梁的绘制方法。			
8	解释下列信息： KL-3（8）　250×570 Φ8@100/200（2） 2Φ16；3Φ16			
9	提取梁跨有哪些方式？			
10	如何进行梁的原位标注？			

1.4 首层钢筋工程量（一）汇总

构件类型	构件名称	≤10	＞10
1			
2			
3			
4			
5			
6			
7			
8			
9			
10			
11			
12			
13			
14			
15			

项目2　首层钢筋工程量计算（二）

2.1　技能要求

2.1.1　知识目标

1. 了解板内钢筋的类型；
2. 了解墙内砌体加固筋的定义。

2.1.2　能力目标

1. 能够熟练掌握现浇板构件的定义与绘制；
2. 能够熟练掌握板筋的定义与绘制；
3. 能够快速、熟练地绘制墙、门窗以及过梁构件。

2.2　实训内容

分析图纸结施-011，图纸中有两种不同厚度的现浇板，分别为 $H=100$ mm、$H=110$ mm，单独定义。

2.2.1　板构件的定义与绘制

1. 现浇板构件的定义

（1）在软件界面左侧的构件列表中选择"板"构件，选择导航栏中的"定义"命令，进入到板的定义界面。

（2）单击"新建"按钮，选择"新建现浇板"命令，新建B-1，输入相关的属性信息，如图2-1所示。

（3）根据板厚度的不同，依次完成其他厚度板的定义。

	属性名称	属性值	附加
1	名称	B-1	
2	混凝土强度等级	(C30)	
3	厚度(mm)	100	
4	顶标高(m)	层顶标高	
5	保护层厚度(mm)	(15)	
6	马凳筋参数图	II型	
7	马凳筋信息	Φ10@1200	
8	线形马凳筋方向	平行横向受力筋	
9	拉筋		
10	马凳筋数量计算方式	向上取整+1	
11	拉筋数量计算方式	向上取整+1	
12	归类名称	(B-1)	
13	汇总信息	现浇板	
14	备注		
15	显示样式		

图2-1　B-1的属性定义

2. 现浇板构件的绘制

不同厚度的板定义完成之后，就可以将板绘制到图中，在绘制板之前，需要把板下的支座，如梁、墙绘制完毕。板的绘制方法有三种，分别为点绘制、矩形绘制和自动生成板。

（1）点绘制。

1）切换到绘图界面，在软件的"绘图工具栏"中选择"点"命令，在图中梁和墙所围成的封闭区域单击鼠标左键，就可以将板布置到图中。

2）完成B-1的绘制之后，在"绘图工具栏"中可以切换到B-2，按照同样的操作步骤，完成B-2的绘制。

（2）矩形绘制。如果图中没有围成封闭区域的位置，可以采用"矩形"画法来绘制板。选择"矩形"命令，选择板图元的一个顶点，再选择对角的顶点，即可绘制一块矩形的板。

（3）自动生成板。当板下的梁、墙绘制完毕，且板中板类别较少时，可采用"自动生成板"，软件会自动根据图中梁和墙围成的封闭区域来生成整层的板。自动生成完毕之后，需要检查图纸，将与图中板信息不符的进行修改，对图中没有板的地方进行删除。

2.2.2 板筋的定义与绘制

现浇板绘制完成后，就要布置板上的钢筋，同样是先定义板内钢筋，再绘制。分析图纸，发现本工程板内钢筋只有受力筋。在进行板受力筋定义之前，先分析图纸结施-011，板中受力筋有跨板受力筋和受力筋两种，不同受力筋又分为底筋和面筋，再根据钢筋直径和间距的不同分别进行定义。

1. 板受力筋的定义

（1）在软件界面左侧的构件列表中选择"板"构件下的"板受力筋"选项，选择导航栏中的"定义"命令，进入到板受力筋的定义界面。

（2）单击"新建"按钮，选择"新建板受力筋"选项，如图2-2所示。

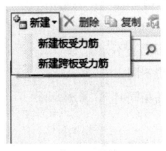

图2-2 新建板受力筋界面

（3）根据图纸的信息，完成板受力筋的定义。以$\phi 8@180$底筋为例，完成的定义界面如图2-3所示。按照同样的操作步骤，结合图纸信息，依次完成其他所有受力筋（包含底筋和面筋）的定义。

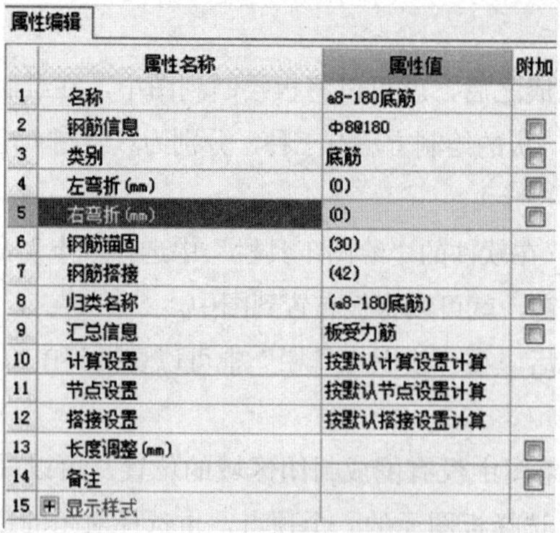

图2-3 Φ8@180底筋的定义界面

2. 受力筋的绘制

板受力筋定义完成之后,即可绘制板受力筋,软件提供了不同的绘制方法。

(1) 受力筋的绘制。

1) 切换到绘图界面。板受力筋的布置按照布置范围,分为"单板""多板"和"自定义"三种方式;按照钢筋的布置方向,分为"水平""垂直"和"XY方向"三种方式,如图2-4所示。

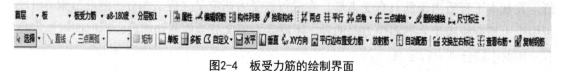

图2-4 板受力筋的绘制界面

2) 以①~②轴间H=100的板为例。该板的受力筋为双层双向Φ8@180,单击鼠标左键"单板"按钮,选择"XY方向",选中该块现浇板,弹出如图2-5所示的对话框。在图2-5中可以看到钢筋的布置方式选择有"双向布置""双网双向布置"和"XY向布置"三种。

双向布置:当不同类别钢筋配筋不同时使用,如果底筋与面筋配筋不同,但是底筋或面筋的X、Y方向配筋相同时可使用。

X、Y向布置:当底筋或面筋的X、Y方向配筋都不相同时可使用,分开设置X、Y向的钢筋。

由于该块板受力筋为双层双向Φ8@180,即选择"双网双向布置",

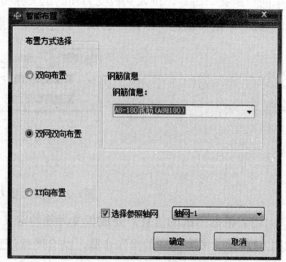

图2-5 受力筋的智能布置

在"钢筋信息"中选择"ϕ8@180",单击"确定"按钮,即可完成该块现浇板受力筋的布置。

(2)应用同名称板。当现浇板的钢筋信息都相同时,可使用"应用同名称板"来布置其他同名称板的钢筋。

选择"应用同名称板"命令,选择已经布置上钢筋的板图元,单击鼠标右键确定,其他同名称的板就布置上了相同的钢筋信息。

(3)自动配筋。若图中未标注钢筋信息,而是在图纸中进行了说明,除采用上面介绍的方法进行布置外,还可采用"自动配筋"。

在绘图工具栏中,单击"自动配筋"按钮,弹出"自动配筋设置"对话框,在对话框中根据图纸设置钢筋信息,自动配筋设置可以对所有板设置相同的配筋信息,也可以根据不同的板厚,分别设置钢筋信息。设置完成之后,单击"确定"按钮,然后用鼠标框选要布筋的板范围,单击右键确定,即可进行自动配筋。

知识链接

(1)现浇板内钢筋的类型主要分为板受力筋(底筋、面筋)、跨板受力筋、负筋和分布筋。板受力筋是指现浇板或预制板中承受拉力的钢筋,主要分为底筋和面筋两种;跨板受力筋是指钢筋跨过一块板,而且在两端或者一端有标注,实际工程中将这类钢筋称之为跨板负筋,在软件中以跨板受力筋来定义;负筋是承受负弯矩的钢筋,一般在梁的上部靠近支座的部位或板的上部靠近支座部位;分布筋是布置在受力钢筋的内侧,与受力钢筋垂直。

(2)跨板受力筋的布置和受力筋的布置方式相同。负筋的布置方式主要有"按梁布置""按墙布置""按板边布置"以及"画线布置"等方式。对于跨板受力筋和负筋,存在左右标注,绘图时可以通过"交换左右标注"的命令来调整。

(3)板的受力筋和负筋绘制完成后,可以通过"查改钢筋标注"的功能来进行钢筋的查看和修改。

2.2.3 砌体墙的定义和绘制

根据结构设计说明"二、材料"可知墙体在标高±0.000以上及以下采用不同材料砌筑,要分别进行定义。

1. 砌体墙的定义

(1)在软件界面左侧的构件列表中选择"墙"构件,选择"砌体墙"选项,选择导航栏中的"定义"命令,进入到砌体墙的定义界面。

(2)单击"新建"按钮,选择"新建砌体墙"选项,新建QTQ-1,如图2-6所示。根据图纸信息输入QTQ-1的属性,在输入砌体通长筋信息时,会弹出如图2-7所示的窗口,按要求格式输入即可，完成QTQ-1的定义。

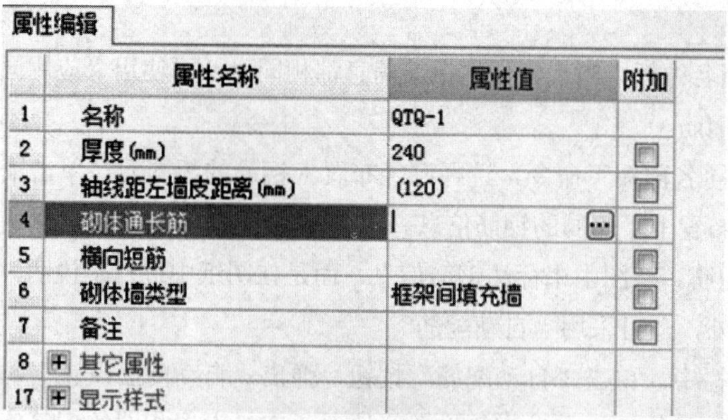

图2-6　砌体墙的定义界面

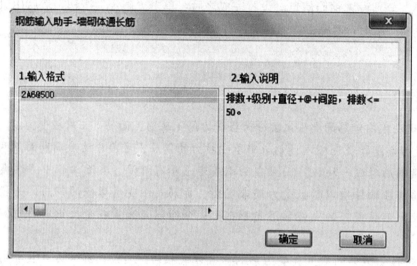

图2-7　砌体通长筋的输入界面

（3）墙体定义时要根据厚度和材料的不同分别定义。本工程中墙体以±0.000为界，所用材料不同要分别进行定义，定义方式同QTQ-1。

2. 砌体墙的绘制

砌体墙是线性构件，单击"绘图工具栏"中的"直线"按钮，即可完成砌体墙的绘制。

知识链接

砌体墙定义界面中"砌体墙类型"主要分为填充墙、承重墙和框架间填充墙三种。其中，填充墙一般用于施工洞填充墙的绘制；框架间填充墙一般作为框架结构的填充墙使用。

2.2.4 门窗的定义和绘制

分析"建筑设计说明"中的门窗表信息以及建施-002，可知门窗的信息以及在图纸中的位置。

1. 门窗的定义

（1）在软件界面左侧的构件列表中选择"门窗洞"构件，选择"门"选项，选择导航栏中的"定义"命令，进入到门的定义界面。

（2）单击"新建"按钮，选择"新建矩形门"命令，如图2-8所示，根据图纸信息输入门的属性，完成门的定义。

	属性名称	属性值	附加
1	名称	M1527	
2	洞口宽度(mm)	1500	□
3	洞口高度(mm)	2700	□
4	离地高度(mm)	0	□
5	洞口每侧加强筋		□
6	斜加筋		□
7	其它钢筋		
8	汇总信息	洞口加强筋	□
9	备注		□
10	⊞ 显示样式		

图2-8 M1527的定义界面

（3）按照同样的方法，完成本楼层其他门窗的定义。

2. 门窗的绘制

门窗构件定义完成后，切换到绘图输入界面，绘制门窗图元。门窗洞口最常用的绘制方式是"点绘制"。

（1）选择门窗构件，选择"绘图工具栏"中的"点"绘制命令，把鼠标放至门窗洞口所在的墙上，显示如图2-9所示的界面。

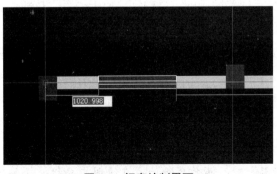

图2-9 门窗绘制界面

（2）按"Tab"键在输入框切换，输入相应的距离，单击"Enter"键确定即可。

（3）在"绘图工具栏"中切换门窗类型，按照同样的操作步骤，完成首层其他门窗的绘制。

2.2.5 过梁的定义和绘制

根据结构设计总说明中"图3 门窗洞口过梁图"可知，本工程中所有门窗顶除已有梁外均设置C20混凝土过梁，过梁的截面尺寸与门窗洞口的关系为"过梁长度L=洞口宽度+500"。

1. 过梁的定义

（1）在软件界面左侧的构件列表中选择"门窗洞"构件，选择"过梁"选项，选择导航栏中的"定义"命令，进入到过梁的定义界面。

（2）单击"新建"按扭，选择"新建矩形过梁"命令，新建GL-1，如图2-10所示。以M1527为例，根据图纸信息输入GL-1的属性，完成GL-1的定义。

	属性名称	属性值	附加
1	名称	GL-1	□
2	截面宽度(mm)	240	□
3	截面高度(mm)	180	□
4	全部纵筋		□
5	上部纵筋	2Φ12	□
6	下部纵筋	2Φ12	□
7	箍筋	Φ6@200	□
8	肢数	2	□
9	备注		□
10	⊞ 其它属性		
22	⊞ 锚固搭接		
37	⊞ 显示样式		

图2-10 GL1的定义界面

（3）按照同样的操作步骤，完成其他门窗过梁的定义。

2. 过梁的绘制

过梁定义完成后，切换到绘图输入界面，绘制过梁。过梁可以采用"点"或者"智能布置"的方法布置。

（1）在绘图工具栏选择要绘制的过梁构件，单击"点"按钮，在相应的门窗洞口位置处单击鼠标左键，即可布置上相应的过梁。

（2）按照同样的方法，在绘图工具栏上切换到其他的过梁，即可完成首层所有门窗过梁的绘制。

知识链接

过梁采用"智能布置"时，操作步骤为：在绘图工具栏选择要布置的过梁构件，选择"智能布置"命令，拉框选择需要布置过梁的门窗洞口，单击鼠标右键，即可布置上相应的过梁。

2.3　实训成果

序号	任务及问题	解答
1	简述板的绘制方法。	
2	如何在板上布置双层双向Φ8@180配筋？	
3	板内钢筋类型主要有哪些？	
4	砌体墙怎样绘制？	
5	什么是跨板受力筋？	
6	门窗洞口的"点绘制"怎样操作？	
7	门窗洞口的"智能布置"怎样操作？	
8	如何定义过梁？	
9	过梁的"点绘制"怎样布置？	
10	过梁的"智能布置"怎样操作？	

2.4 首层钢筋工程量（二）汇总

构件类型	构件名称	≤10	＞10
1			
2			
3			
4			
5			
6			
7			
8			
9			
10			
11			
12			
13			
14			
15			

项目3 二层钢筋工程量计算

3.1 技能要求

3.1.1 知识目标

1. 了解软件层间复制的基本功能;
2. 了解修改构件的常见方法及思路。

3.1.2 能力目标

1. 能够熟练掌握层间复制功能的操作;
2. 能够快速、熟练地修改构件。

3.2 实训内容

首层绘制完成后,其他层(包括第2层至顶层)的绘制方法和首层相似。

根据结施-005、结施-006和结施-007可知,首层的柱和上面各层的柱布置位置相同,但是钢筋信息不同;根据结施-008和结施-009可知,二层在①~②轴、⑧~⑨轴间少了L-3,KL-4在首层跨数为1A,在二层跨数为1跨;根据结施-011和结施-012可知,二层在①~②轴、⑧~⑨轴间少了两块厚度为100 mm 的板。

本工程不同楼层间存在较多的相同构件,可以通过软件中的层间复制功能来快速绘制其他层的构件。层间复制软件中主要有两种方式,分别是"复制选定图元到其它楼层"和"从其它楼层复制构件图元"。

3.2.1 复制选定图元到其它楼层

(1)在首层,把图元复制到第2层,使用"复制选定图元到其它楼层"。

(2)在首层,切换到绘图输入界面。用鼠标选择图元或者选择"构件"菜单下的"批量选择"命令来选择图元。鼠标选择图元,只能选择当前图层的构件图元;"批量选择"则可以选择不同类型的构件图元。

（3）选择"构件"菜单下的"批量选择"命令，如图3-1所示。弹出"批量选择构件图元"对话框，如图3-2所示。

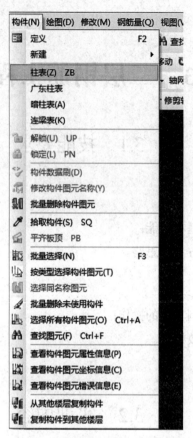

图3-1 构件菜单显示界面

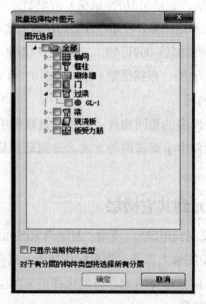

图3-2 "批量选择构件图元"对话框

（4）分析图纸可知首层和二层部分构件相同，在图3-2中勾选出相同的构件，如梁、柱、板等构件，单击"确定"按钮，图元选择完成。

（5）选择导航栏中的"楼层"命令，如图3-3所示，在"楼层"菜单下选择"复制选定图元到其它楼层"，弹出如图3-4所示的对话框，在对话框中勾选"第2层"，单击"确定"按钮，把选择的图元复制到第2层。

 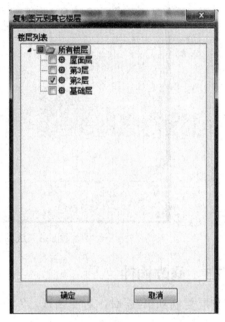

图3-3　楼层菜单显示界面　　　　图3-4　复制图元到其它楼层

3.2.2　从其它楼层复制构件图元

层间复制还可以使用"从其它楼层复制构件图元"功能。

（1）在绘图工具栏中把楼层切换到第2层，如图3-5所示。

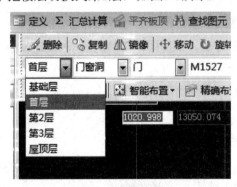

图3-5　楼层切换

（2）单击"楼层"按钮，在"楼层"菜单下选择"从其它楼层复制构件图元"命令，弹出如图3-6所示对话框。选择源楼层以及需要复制的构件图元，在"目标楼层选择"中勾选目标楼层第2层，单击"确定"按钮，即将首层的构件复制到第2层。

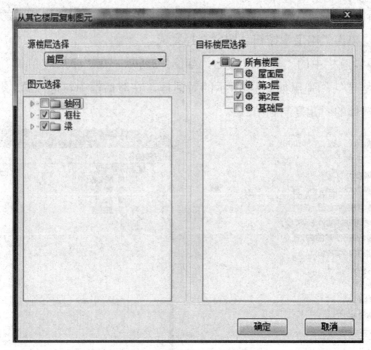

图3-6 从其它楼层复制图元

3.2.3 修改构件

把首层复制到第2层时,对照图纸,发现首层和二层某些构件不一样,要进行修改。

(1)修改梁。二层在①~②轴、⑧~⑨轴间没有L-3,删除掉L-3即可;KL-4在首层跨数为1A,在二层跨数为1跨,打开KL-4属性编辑框,把梁的跨数由1A修改为1。

(2)修改柱。打开框架柱的属性编辑框,根据第2层框架柱的信息,对框架柱的属性信息进行修改。

(3)修改板。根据结施-011和结施-012可知,二层在①~②轴、⑧~⑨轴间少了两块厚度为100 mm 的板,删除这两块板。

其他构件也采用同样的方法,根据图纸信息进行一一修改,完成第2层和第3层的构件。

知识链接

复制到第2层后,修改图元的方法主要包括:
(1)属性不同的,修改属性信息,例如,钢筋信息、截面信息等。
(2)名称不同的,修改名称,反建构件。
(3)对于首层的构件,可以采用先复制再修改属性,或者先绘制再反建构件的方法。
(4)绘制过程中,可以根据不同楼层之间图元的相似关系,进行复制和修改,可以快速地建立结构的框架,然后进行局部的修改,提高绘制效率。

3.3 实训成果

序号	任务及问题	解答
1	层间复制包含哪两个功能?请描述这两个功能的区别。	
2	如何将首层构件图元复制到第2层?	
3	如何批量选择构件?	
4	请描述修改构件的常用方法及思路。	
5	什么是构件?什么是图元?	

3.4 二层钢筋工程量汇总

构件类型	构件名称	≤10	>10
1			
2			
3			
4			
5			
6			
7			
8			
9			
10			
11			
12			
13			
14			
15			

项目4 屋面层钢筋工程量计算

4.1 技能要求

4.1.1 知识目标

1. 了解挑檐的定义；
2. 了解板洞的定义。

4.1.2 能力目标

1. 能够熟练掌握屋面层梁、板构件的定义及绘制；
2. 能够快速、熟练地绘制挑檐及板洞。

4.2 实训内容

对比图纸，发现屋面层的梁、板构件和首层差距较大，而且屋面层有挑檐、板洞等构件，所以，要重新定义并绘制屋面层的梁、板等构件。屋面层梁、板构件的定义与绘制方法同首层，本节主要讲述了挑檐、板洞的绘制方法。

4.2.1 屋面框架梁的定义及绘制

分析图纸结施-010可知，屋面存在屋面框架梁和非框架梁两种，要分别进行定义。

1. 屋面框架梁的定义

（1）在绘图工具栏中把楼层切换到屋顶层，如图4-1所示。

（2）在软件界面左侧的构件列表中选择"梁"构件，选择导航栏中的"定义"命令，进入到梁的定义界面。

（3）单击"新建"按钮，选择"新建矩形梁"命令，新建WKL-1，根据图纸信息输入

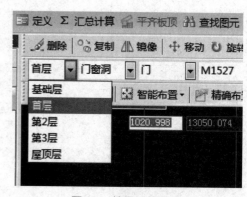

图4-1 楼层切换界面

WKL-1的属性，完成WKL-1的定义。

（4）完成WKL-1的定义后，按照同样的操作步骤依次完成其他屋面框架梁的定义。

2. 屋面框架梁的绘制

（1）切换到绘图界面。梁为线状图元，采用"直线"绘制。

（2）单击鼠标左键选中第一个端点，确定终点，单击鼠标右键终止即可。在导航栏中可以进行框架梁的切换，根据图纸信息依次完成框架梁以及非框架梁的绘制。

3. 屋面框架梁的原位标注

梁绘制完成后，只是针对梁的集中标注信息进行了输入，还需要对原位标注进行输入。

（1）在绘图工具栏中选择"原位标注"选项，选择需要输入的框架梁。

（2）根据图纸中WKL-1的原位标注信息，依次输入各跨的钢筋信息，完成原位标注，钢筋由粉色变为绿色。

（3）按照同样的操作方法，依次完成其他屋面框架梁以及非框架梁的绘制。

4.2.2 屋面板的定义及绘制

1. 屋面板的定义

（1）在软件界面左侧的构件列表中选择"板"构件，选择导航栏中的"定义"命令，进入到板的定义界面。

（2）单击"新建"按钮，选择"新建现浇板"命令，新建WB-1，根据图纸信息输入WB-1的属性，完成WB-1的定义。

（3）根据板厚的不同，依次完成其他厚度板的定义。

2. 屋面板的绘制

不同厚度的板定义完成之后，即可将板绘制到图中。

（1）切换到绘图界面，在软件的"绘图工具栏"选择"点"按钮，在图中梁和墙所围成的封闭区域单击鼠标左键，即可将板布置到图中。

（2）完成WB-1的绘制之后，在"绘图工具栏"中可以切换到WB-2，按照同样的操作步骤，完成WB-2的绘制。

4.2.3 屋面板筋的定义与绘制

屋面板绘制完成后，即可布置板上的钢筋，同样是先定义板内钢筋再绘制，方法同首层板的受力筋方法，在此不再详述。

4.2.4 板洞的定义与绘制

1. 板洞的定义

（1）在软件界面左侧的构件列表中选择"板"构件，选择"板洞"选项，选择导航栏中的"定义"命令，进入到板洞的定义界面。

(2) 单击"新建"按钮,选择"新建矩形板洞"命令,如图4-2所示。

(3) 根据图纸上板洞的信息,输入板洞的属性,完成板洞的定义,如图4-3所示。

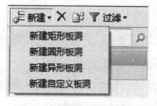

图4-2 新建板洞界面图

4-3 板洞定义界面

2. 板洞的绘制

(1) 切换到绘图界面,选择"BD-1",在软件的"绘图工具栏"选择"点"按钮。

(2) 分析图纸发现板洞不在轴线交点处,需要偏移。把鼠标放至Ⓑ轴与⑤轴交点处,单击"Shift+左键"弹出窗口,在窗口中输入偏移量,如图4-4所示,单击"确定"按钮,板洞就布置上了。

图4-4 "输入偏移量"窗口

4.2.5 挑檐的定义和绘制

1. 挑檐的定义

(1) 在软件界面左侧的构件列表中选择"其它"构件,选择"挑檐"选项,如图4-5所示,选择导航栏中的"定义"命令,进入到挑檐的定义界面。

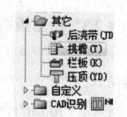

图4-5 挑檐的定义界面

(2) 单击"新建"按钮,如图4-6所示,选择"新建面式挑檐"命令,弹出"TY-1"的属性编辑界面,如图4-7所示。单击"其它钢筋"行右侧的 按钮,弹出如图4-8所示的对话框,在"筋号"处输入"1",弹出如图4-9所示的对话框,在钢筋信息处修改钢筋直径,单击"图号"处的 按钮,选择与图纸中一样的钢筋类型,如图4-10所示的钢筋类型,依次输入L、H、H1、B、B1值,单击"确定"按扭,挑檐定义完成。

图4-6 新建挑檐界面

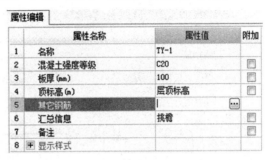

图4-7 TY-1的属性编辑界面

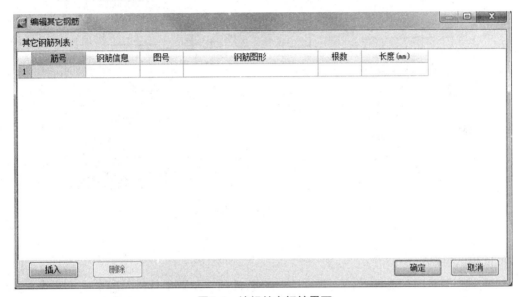

图4-8 编辑其它钢筋界面

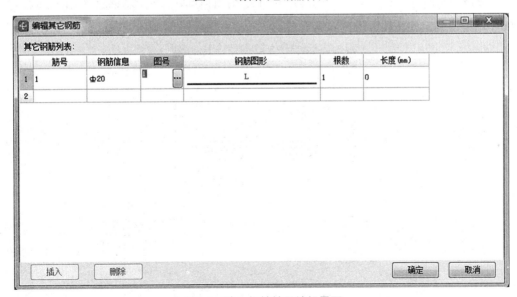

图4-9 输入钢筋筋号编辑界面

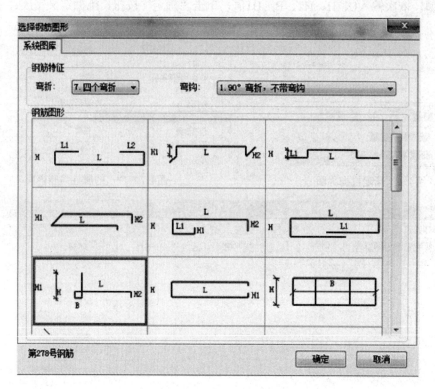

图4-10 钢筋类型界面

2. 挑檐的绘制

切换到绘图界面,选择"TY-1"命令,在软件的"绘图工具栏"中单击"智能布置"按钮,选择"墙外边线"选项,弹出如图4-11所示的对话框,在对话框中输入挑檐宽度1 500,单击"确定"按钮,挑檐布置完成。

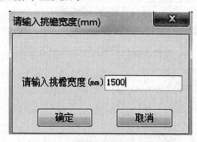

图4.11 挑檐宽度输入对话框

4.3 实训成果

序号	任务及问题	解答
1	如何绘制屋面梁？	
2	如何绘制屋面板？	
3	如何在屋面板上开洞？	
4	如何绘制挑檐？	
5	如何在屋面板上开洞？	

4.4 屋面层钢筋工程量汇总

构件类型	构件名称	≤10	>10
1			
2			
3			
4			
5			
6			
7			
8			
9			
10			
11			
12			
13			
14			
15			

项目5　基础层钢筋工程量计算

5.1　技能要求

5.1.1　知识目标

1. 掌握基础的分类以及每种基础的适用条件；
2. 了解柱基础的组成。

5.1.2　能力目标

1. 能够熟练掌握独立基础、条形基础的定义及绘制；
2. 能够快速、熟练地绘制承台梁及柱。

5.2　实训内容

5.2.1　独立基础的定义及绘制

1. 独立基础的定义

（1）在绘图工具栏中把楼层切换到基础层，如图5-1所示。

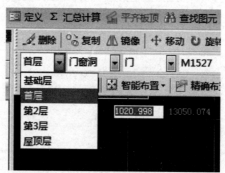

图5-1　楼层切换界面

（2）在软件界面左侧的构件列表中单击"基础"按钮，选择"独立基础"构件，选择导航栏中的"定义"命令，进入到独立基础的定义界面。

（3）单击"新建"按钮，选择"新建独立基础"命令，新建DJ-1-1，再单击"新建"

按钮,选择"新建参数化独立基础"选项,弹出窗口,如图5-2所示。根据图纸中独立基础DJ-1-1的属性信息依次输入a、b、a_1、b_1、h、h_1,单击右下角的"确定"按钮即可。

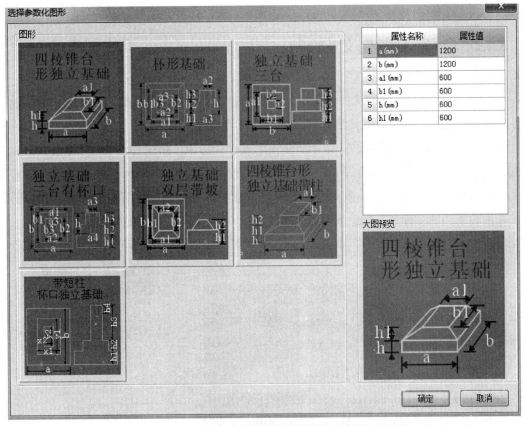

图5-2 参数化独立基础的参数输入界面

(4)回到独立基础的定义界面,输入钢筋信息,即可完成DJ-1-1的定义,如图5-3所示。

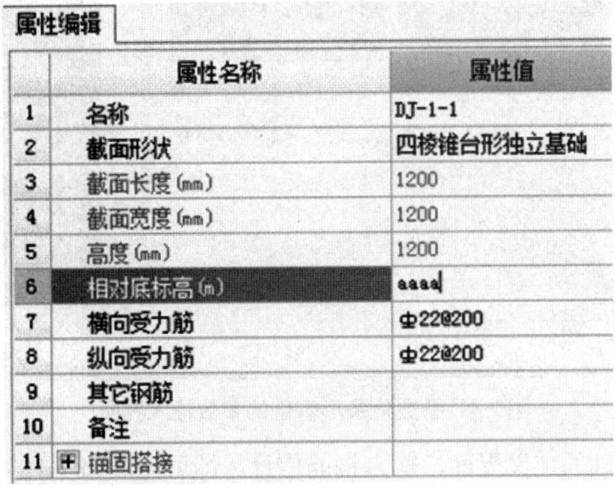

图5-3 参数化独立基础的定义界面

(5)按照同样的操作步骤,完成其他独立基础的定义。

2.独立基础的绘制

(1)切换到绘图界面。独立基础为点状图元,采用"点"绘制。

(2)按照图纸上独立基础的位置,单击鼠标左键,即可完成独立基础的绘制。

5.2.2 条形基础的定义及绘制

1.条形基础的定义

(1)在软件界面左侧的构件列表中单击"基础"按钮,选择"条形基础"构件,选择导航栏中的"定义"命令,进入到条形基础的定义界面。

(2)单击"新建"按钮,选择"新建条形基础"命令,新建TJ-1-1,再单击"新建"按钮,选择"新建参数化独立基础"命令,弹出窗口,如图5-4所示。根据图纸中条形基础的截面形状选择相对应的参数化图形混凝土条基-C,并根据属性信息依次输入相应的数值,单击右下角的"确定"按钮即可。

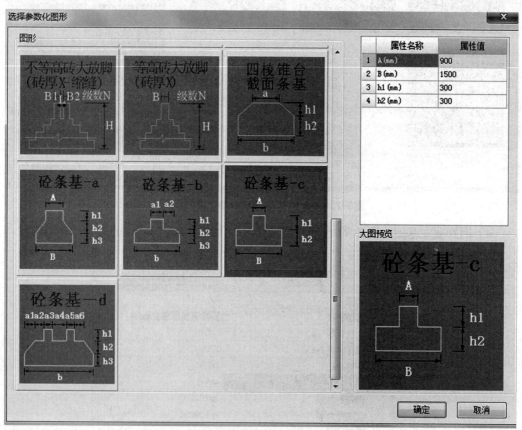

图5-4 参数化条形基础的参数输入界面

(3)回到条形基础的定义界面,输入钢筋信息,即可完成TJ-1-1的定义,如图5-5所示。

(4)按照同样的操作步骤,完成其他条形基础的定义。

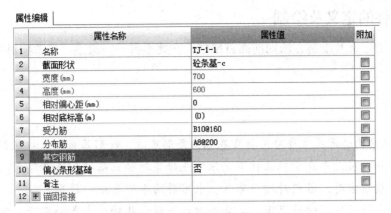

图5-5　参数化条形基础的定义界面

2. 条形基础的绘制

切换到绘图界面。条形基础为线状图元，采用"直线"绘制，依次完成所有条形基础的绘制。

5.2.3　承台梁的定义及绘制

1. 承台梁的定义

（1）在软件界面左侧的构件列表中单击"基础"按钮，选择"承台梁"构件，选择导航栏中的"定义"命令，进入到承台梁的定义界面。

（2）单击"新建"按钮，选择"新建矩形承台梁"命令，新建CTL-1，如图5-6所示，根据图纸中承台梁的信息完成承台梁的定义。

图5-6　承台梁的定义界面

2. 承台梁的绘制

切换到绘图界面。承台梁为线状图元，采用"直线"绘制，依次完成承台梁的绘制。

5.2.4 柱的定义及绘制

基础层柱的定义及绘制方法同前面首层柱，在此不再一一叙述，参考项目1。

知识链接

（1）基础按构造形式主要分为独立基础、条形基础、筏形基础以及桩基础四种不同的类型。独立基础一般是存在于独立柱下，依靠基础梁把独立基础相连系起来；条形基础一般是应用于砖墙承重时，沿内外墙下布置，也可称为带形基础；筏形基础一般用于地基承载力不均匀或者地基软弱的情况下，主要是把柱下独立基础或者条形基础全部用连系梁连系起来，下面再整体浇筑底板；桩基础是由若干个沉入土中的桩和承台或承台梁组成，主要是将上部建筑物的荷载传递到深处承载力较强的土层上。

（2）基础梁与框架梁的区别主要有以下几点：

1）在支座处，框架梁是支座上部受力，基础梁是下部受力，所以，框架梁的支座钢筋是上部钢筋，基础梁的支座钢筋是下部钢筋。

2）框架梁一般是上部筋能通则通，基础梁一般是下部筋能通则通。

3）从受力来说，框架梁是框架节点中的受弯构件，其以框架柱为支座；基础梁是基础，是柱墙的底部支座，柱以基础梁为支座。

5.3 实训成果

序号	任务及问题	解答
1	简述条形基础的绘制方法。	
2	简述独立基础的绘制方法。	
3	简述基础梁的绘制方法。	
4	基础梁与框架梁的绘制方法有何不同？	
5	在梁的集中标注中，符号G、N分别代表什么含义？	

5.4　基础层钢筋工程量汇总

构件类型	构件名称	≤10	>10
1			
2			
3			
4			
5			
6			
7			
8			
9			
10			
11			
12			
13			
14			
15			

项目6 单构件钢筋工程量计算

6.1 技能要求

6.1.1 知识目标

了解楼梯的分类及组成。

6.1.2 能力目标

1. 能够熟练掌握楼梯的定义及绘制；
2. 能够快速、熟练地绘制桩。

6.2 实训内容

工程中除了柱、梁、墙、板等主体结构以外，还存在一些其他零星构件，如楼梯、桩。这类构件在广联达软件中的绘图输入部分不方便绘制，因此，在软件中提供了"单构件输入"方法。单构件输入主要有两种输入方式：参数输入和直接输入。

6.2.1 楼梯钢筋工程量

（1）在软件界面左侧的导航栏中，切换到"单构件输入"界面，选择界面上方的"构件管理"选项，弹出如图6-1所示界面。在"单构件输入构件管理"界面中选择"楼梯"构件类型选项，单击界面上方的"添加构件"按钮，添加"LT-1"，单击右下角的"确定"按钮即可。

（2）新建构件后，选择工具条上的"参数输入"选项，进入参数输入界面，选择界面上方的"选择图集"选项，弹出窗口，选择相应的楼梯类型，本工程中选择11G101-2楼梯中的AT型楼梯，如图6-2所示，单击右下角的"选择"按钮。

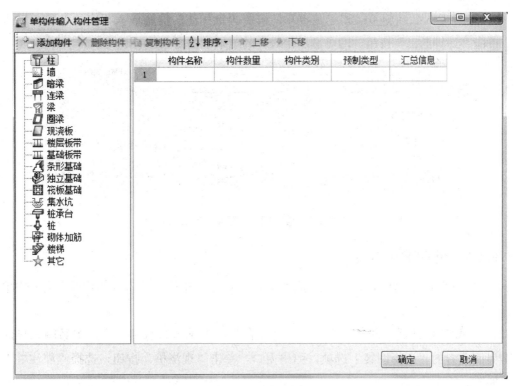

图6-1 单构件输入构件管理界面

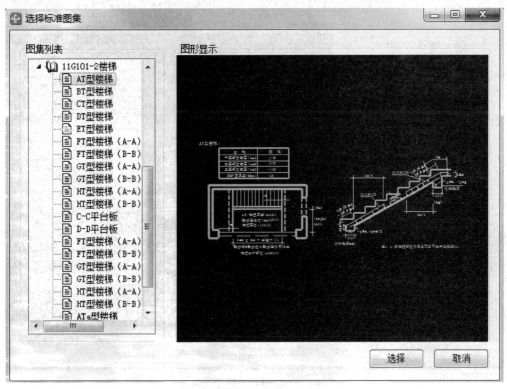

图6-2 楼梯选择图集窗口

（3）参考图纸结施-014和建施-008，按照图纸标注的信息输入相应的参数，输入完成，单击"计算退出"按钮，即可显示相对应的结果，如图6-3所示。

筋号		直径(mm)	级别	图号	图形	计算公式
1*	梯板下部纵筋	12	Φ	3	3693	3080*1.134+100+100
2	下梯梁端上部纵筋	12	Φ	149	180 ⌐1083⌐ 600 90	3080/4*1.134+408+120-2*15
3	梯板分布钢筋	8	Φ	3	1570	1570+12.5*d
4	上梯梁端上部纵筋	12	Φ	149	198 ⌐1083⌐ 600 90	3080/4*1.134+408+120-2*15
5						

图6-3 楼梯钢筋计算结果明细

6.2.2 桩钢筋工程量

（1）桩的单构件输入操作步骤同楼梯，只是要在"单构件输入构件管理"界面中单击选择"桩"构件类型。

（2）新建构件后，同样是选择工具条上的"参数输入"选项，进入参数输入界面，单击界面上方的"选择图集"选项，弹出窗口，单击"现浇桩"按钮，选择"灌注桩"选项，如图6-4所示。

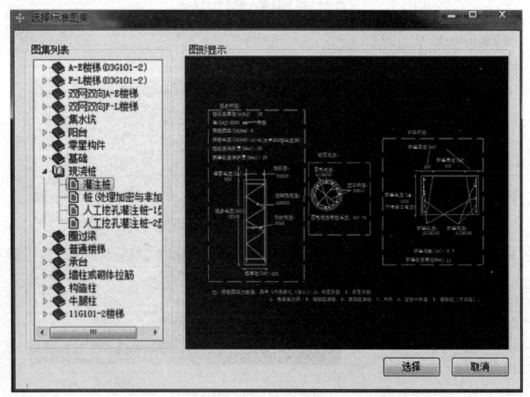

图6-4 现浇桩选择图集界面

（3）参考结施-004图，按照图纸标注的信息输入相应的参数，输入完成，单击"计算退出"按钮，即可显示相对应的结果，如图6-5所示。

筋号		直径(mm)	级别	图号	图形	计算公式
1*	桩纵筋	25	Φ	1	16000	900+15100
2	护壁纵筋	22	Φ	1	1600	1600
3	桩螺旋箍筋	8	Φ	8	15050 200 350 钢筋分1段	round(sqrt(sqr(pi*(350+2*d))+sqr(200))*(15050+2*d)/200/1)
4	加劲箍筋	8	Φ	356	284 300	pi*(284+2*d)+300+2*d+2*11.9*d
5	圆形箍筋	10	Φ	356	280 300	pi*(280+2*d)+300+2*d+2*11.9*d
6	交叉钢筋	12	Φ	3	350	400-2*25+23.8*d
7	护壁箍筋	10	Φ	356	686 300	pi*(686+2*d)+300+2*d+2*11.9*d

图6-5 现浇桩钢筋计算结果明细

6.3 实训成果

序号	任务及问题	解答
1	为什么在软件中需要单构件输入？	
2	在钢筋抽样软件中，楼梯由几部分组成？	
3	简述楼梯的绘制方法。	
4	简述桩的绘制方法	
5	哪些构件还需要单构件输入？请举例说明。	

6.4 单构件钢筋工程量汇总

构件类型	构件名称	≤10	>10
1			
2			
3			
4			
5			
6			
7			
8			
9			
10			
11			
12			
13			
14			
15			

项目7 首层土建工程量计算

7.1 技能要求

7.1.1 知识目标

1. 了解清单与定额工程量计算规则的不同;
2. 掌握柱、梁、板等构件的属性定义并套用做法。

7.1.2 能力目标

1. 能够正确选择清单与定额规则以及相应的清单库与定额库;
2. 能够快速准确地设置楼层;
3. 熟练掌握柱、梁、板以及墙等构件的定义及绘制。

7.2 实训内容

建筑工程量除前面六个项目所计算的钢筋工程量外,还有土建工程量的计算。广联达—BIM土建算量软件GCL2013提供了此功能,结合对应的图纸计算首层土建工程量。

7.2.1 新建工程

(1) 启动软件。鼠标左键双击桌面上"广联达—BIM土建算量软件GCL2013"图标,进入"欢迎使用GCL2013"界面。

(2) 新建工程。单击鼠标左键"新建向导"按钮,进入新建工程界面,如图7-1所示。

(3) 依次输入各项信息,输入完成,单击"下一步"按钮,进入"工程信息"界面,如图7-2所示。

(4) 单击"下一步"按钮,进

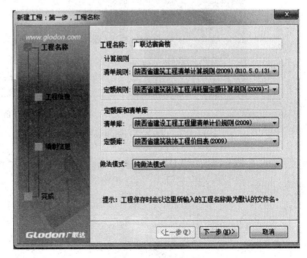

图7-1 新建工程

入"编制信息"界面,如图7-3所示,根据实际工程情况添加相应的内容。

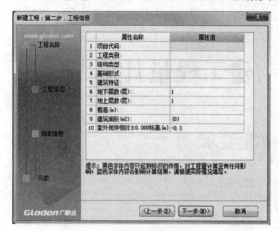 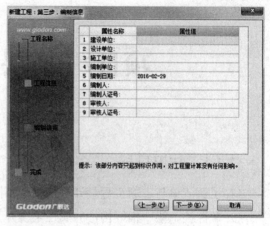

图7-2 工程信息　　　　　　　　图7-3 编制信息

(5) 单击"下一步"按钮,进入"完成"界面,如图7-4所示。

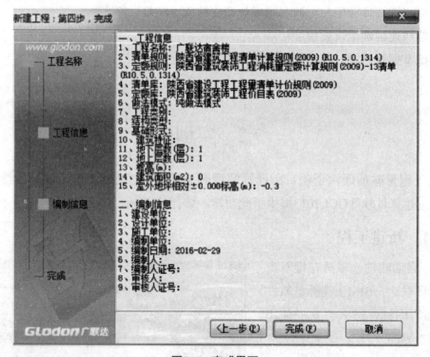

图7-4 完成界面

(6) 单击"完成"按钮,完成新建工程,切换到"工程信息"界面,该界面显示了新建工程的工程信息,供用户查看和修改,如图7-5所示。

属性名称	属性值
1 □ 工程信息	
2 工程名称:	广联达宿舍楼
3 清单规则:	陕西省建筑工程清单计算规则(2009) (R10.5.0.1314)
4 定额规则:	陕西省建筑装饰工程消耗量定额计算规则(2009)-13清单 (R10.5.0.1314)
5 清单库:	陕西省建设工程工程量清单计价规则(2009)
6 定额库:	陕西省建筑装饰工程价目表(2009)
7 做法模式:	纯做法模式
8 项目代码:	
9 工程类别:	
10 结构类型:	
11 基础形式:	
12 建筑特征:	
13 地下层数(层):	1
14 地上层数(层):	1
15 檐高(m):	
16 建筑面积(m2):	(0)
17 室外地坪相对±0.000标高(m):	-0.3
18 □ 编制信息	
19 建设单位:	
20 设计单位:	
21 施工单位:	
22 编制单位:	
23 编制日期:	2016-02-29
24 编制人:	
25 编制人证号:	
26 审核人:	
27 审核人证号:	

图7-5　工程信息界面

7.2.2　建立楼层

（1）建立楼层。根据图纸建施-001"建筑设计说明"的"楼层信息表"以及结施-004建立楼层，如图7-6所示。

楼层序号	名称	层高(m)	首层	底标高(m)	相同层数	现浇板厚(mm)	建筑面积(m2)	备注
1	4	屋顶	3.300	☐	9.900	1	120		
2	3	第3层	3.300	☐	6.600	1	120		
3	2	第2层	3.300	☐	3.300	1	120		
4	1	首层	3.300	✓	0.000	1	120		
5	0	基础层	1.500		-1.500	1	120		

图7-6　建立楼层

软件默认给出首层和基础层，单击"插入楼层"按钮，建立楼层，并在层高一列输入相应的层高信息，完成楼层设置。

（2）标号（现称为强度等级）设置。根据"结构设计说明"第二条中"3.混凝土除注明外均为C25"，设置混凝土标号（现称为强度等级），如图7-7所示。首层设置完毕后，单击"复制到其它楼层"按钮，选择目标层，单击"确定"按钮，完成标号（现称为强度等级）设置。

	构件类型	砼标号	砼类别	砂浆标号	砂浆类别	
1	基础	C25	普通砼 (坍落度10~	M5	混合砂浆	32.5
2	垫层	C25	普通砼 (坍落度10~	M5	混合砂浆	32.5
3	基础梁	C25	普通砼 (坍落度10~			
4	砼墙	C25	普通砼 (坍落度10~			
5	砌块墙			M5	混合砂浆	32.5
6	砖墙			M5	混合砂浆	32.5
7	石墙			M5	混合砂浆	32.5
8	梁	C25	普通砼 (坍落度10~			
9	圈梁	C25	普通砼 (坍落度10~			
10	柱	C25	普通砼 (坍落度10~	M5	混合砂浆	32.5
11	构造柱	C25	普通砼 (坍落度10~			
12	现浇板	C25	普通砼 (坍落度10~			
13	预制板	C25	普通砼 (坍落度10~			
14	楼梯	C25	普通砼 (坍落度10~			

图7-7 标号设置

7.2.3 新建轴网

楼层建立完成后，切换到"绘图输入"界面。首先，要建立轴网。轴网的定义与绘制同项目1中轴网，在此不再详述。

7.2.4 首层柱构件的定义和绘制

分析图纸结施-005，本工程中存在三种不同截面尺寸的矩形柱。

1. 柱的定义

（1）在模块导航栏选择"柱"选项，选择上方导航栏中的"定义"命令，进入柱的定义界面。单击"新建"按钮，选择"新建矩形柱"命令。

（2）以KZ-1为例，在属性编辑框中输入相应的属性值，框架柱的属性定义如图7-8所示。

图7-8 KZ-1的属性编辑框

（3）选择"查询匹配清单"选项，如图7-9所示，选择相匹配的清单项目"010402001矩形柱"选项,单击"添加"按钮,在界面上方显示已添加上的清单项目,如图7-10所示。

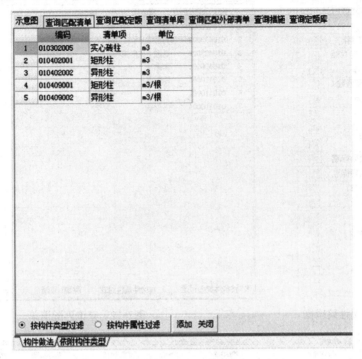

图7-9 查询匹配清单

图7-10 添加清单界面

(4)完成KZ-1的绘制后,按照同样的操作步骤,依次完成其他框架柱的定义及清单匹配。

2. 柱的绘制

完成框架柱的定义后,单击"绘图"按钮,切换到绘图界面。软件默认为"点"画法,根据图纸中KZ-1的位置,完成KZ-1的绘制。KZ-1绘制完成后,在工具栏中切换柱构件,依次完成其他框架柱的绘制。

7.2.5 首层梁构件的定义和绘制

分析图纸结施-008,本层有不同截面类型的框架梁以及非框架梁。

1. 梁的定义

(1)在模块导航栏中选择"梁"选项,选择上方导航栏中的"定义"命令,进入梁的定义界面。单击"新建"按钮,选择"新建矩形梁"命令。

(2)以KL-1为例,在属性编辑框中输入相应的属性值,框架梁的属性定义如图7-11所示。

(3)选择"查询匹配清单"选项,如图7-12所示,选择相匹配的清单项目"010403002 矩形梁"选项,单击"添加"按钮,在界面上方显示已添加上的清单项目,如图7-13所示。

图7-11 KL-1的属性编辑框　　　　图7-12 查询匹配清单

图7-13 添加清单界面

（4）完成KL-1的绘制后，按照同样的操作步骤依次完成其他框架梁以及非框架梁的定义及清单匹配。

2. 梁的绘制

完成框架梁以及非框架梁的定义后，单击"绘图"按钮，切换到绘图界面。软件默认为"直线"画法，根据图纸中KL-1的位置完成KL-1的绘制，绘制方法同钢筋算量中的画法。KL-1绘制完成后，在工具栏中切换梁构件，依次完成其他框架梁以及非框架梁的绘制。

7.2.6 首层板构件的定义和绘制

分析图纸结施-011，本层有两种不同厚度的板，要分别定义。

1. 板的定义

（1）在模块导航栏选择"板"命令，选择"现浇板"选项，选择上方导航栏中的"定义"命令，进入板的定义界面。单击"新建"按钮，选择"新建现浇板"命令。

（2）以$h=100$ mm 板为例，在属性编辑框中输入相应的属性值，现浇板的属性定义如图7-14所示。

（3）选择"查询匹配清单"选项，显示界面上没有相应的清单匹配项。选择"查询清单库"选项，选择"A.4混凝土以及钢筋混凝土工程"命令，单击"A.4.3现浇混凝土梁"

按钮,如图7-15所示。选择相匹配的清单项目"010403002矩形梁"选项,单击"添加"按钮,在界面上方显示已添加上的清单项目,如图7-16所示。

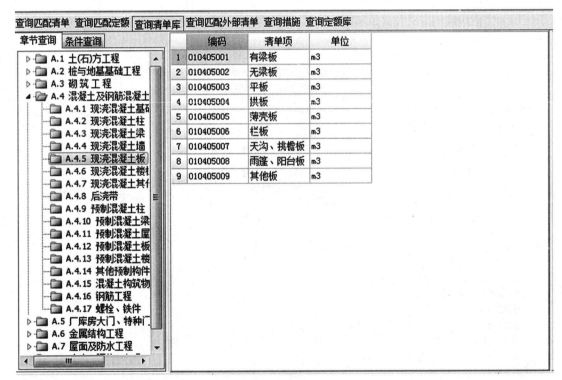

图7-14 现浇板的属性编辑框

图7-15 查询清单库

图7-16 添加清单界面

(4)完成KL-1,按照同样的操作步骤依次完成其他现浇板的定义及清单匹配。

2. 板的绘制

完成现浇板的定义后,单击"绘图"按钮,切换到绘图界面。绘图方法参考钢筋算量中现浇板的绘制。

7.2.7 首层墙构件的定义和绘制

分析结构设计总说明第二条中"4.墙体"的规定以及图纸建施-002,外墙以±0.000为分界线,使用不同的材料,内墙采用另一种材料,要分别进行定义。

1. 板的定义

(1)在模块导航栏中选择"墙"选项,选择上方导航栏中的"定义"命令,进入墙的定义界面。单击"新建"按钮,以内墙为例,选择"新建内墙"命令。

(2)在属性编辑框中输入相应的属性值,内墙的属性定义如图7-17所示。

(3)选择"查询匹配清单"选项,如图7-18所示,选择相匹配的清单项目"010304001空心砖墙、砌块墙",单击"添加"按钮,在界面上方显示已添加上的清单项目,如图7-19所示。

(4)完成内墙的定义及清单匹配,按照同样的操作步骤,依次完成其他墙体的定义及清单匹配。

图7-17 内墙的属性编辑框

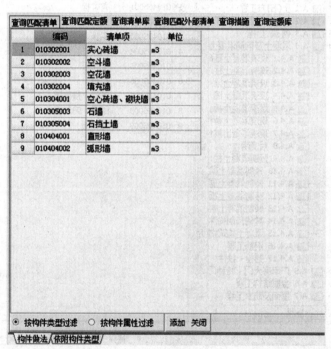

图7-18 查询匹配清单

图7-19 添加清单界面

2. 墙的绘制

完成墙的定义后,单击"绘图"按钮,切换到绘图界面。绘图方法参考钢筋算量中墙体的绘制。

7.2.8 首层门窗构件的定义和绘制

分析建筑设计说明中"门窗表"的规定以及图纸建施-002,本工程首层中有6种类型的门窗。

1. 门窗的定义

(1) 在模块导航栏中选择"门窗洞"选项,选择"门"选项,选择上方导航栏中的"定义"命令,进入门的定义界面。单击"新建"按钮,以M1527为例,选择"新建矩形门"命令。

(2) 在属性编辑框中输入相应的属性值,门的属性定义如图7-20所示。

(3) 门窗工程是装饰装修工程,软件默认的清单库为建筑工程,所以,要切换清单库,如图7-21所示。单击"切换专业"按钮,选择"装饰装修工程"选项,单击"B.4门窗工程"按钮,选择"B.4.2金属门"选项,如图7-22所示,选择相匹配的清单项目"020402005塑钢门"选项,单击"添加"按钮,在界面上方显示已添加上的清单项目,如图7-23所示。

图7-20 M1527属性编辑框

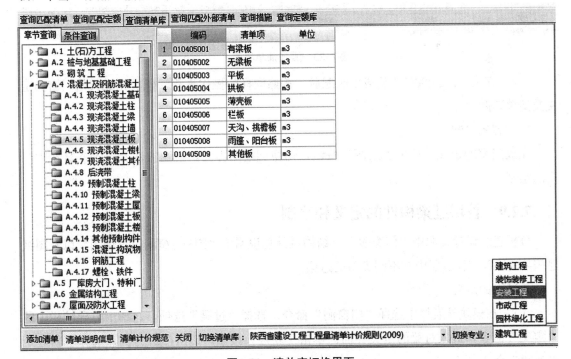

图7-21 清单库切换界面

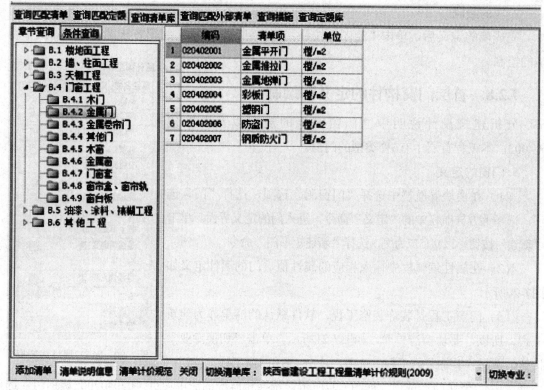

图7-22 匹配清单

图7-23 添加清单界面

(4) 完成M1527的定义及清单匹配后，按照同样的操作步骤，依次完成其他门窗的定义及清单匹配。

2. 门窗的绘制

完成门窗的定义，单击"绘图"按钮，切换到绘图界面。绘图方法参考钢筋算量中门窗的绘制。

7.2.9 首层过梁构件的定义和绘制

分析建筑设计说明中"门窗表"、结构设计总说明中"图3门窗洞口过梁图"以及图纸建施-002，本工程首层中有不同类型的过梁。

1. 过梁的定义

(1) 在模块导航栏中选择"门窗洞"命令，选择"过梁"选项，选择上方导航栏中的"定义"命令，进入过梁的定义界面。单击"新建"按钮，以M1527为例，选择"新建矩形过梁"命令。

(2) 在属性编辑框中输入相应的属性值，过梁的属性定义如图7-24所示。

图7-24 过梁属性编辑框

（3）选择"查询匹配清单"选项，如图7-25所示，选择相匹配的清单项目"010403005 过梁"选项，单击"添加"按钮，在界面上方显示已添加上的清单项目，如图7-26所示。

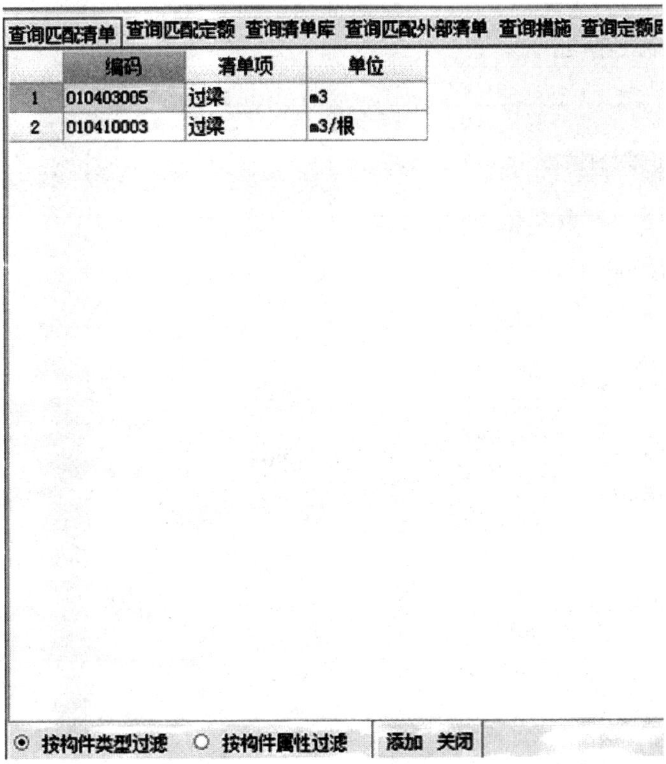

图7-25 查询匹配清单

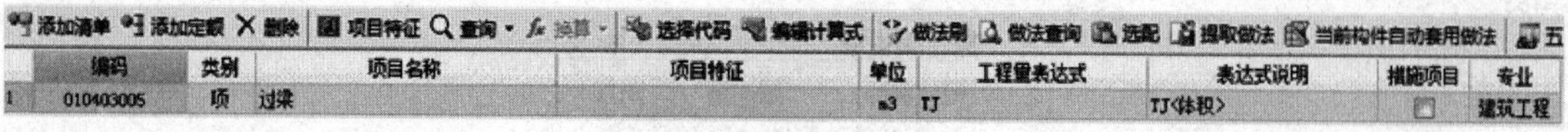
添加清单 添加定额 删除 项目特征 查询 换算 选择代码 编辑计算式 做法刷 做法查询 选配 提取做法 当前构件自动套用做法
编码 类别 项目名称 项目特征 单位 工程量表达式 表达式说明 措施项目 专业
1 010403005 项 过梁 m3 TJ TJ<体积> 建筑工程

图7-26　添加清单界面

（4）完成M1527过梁的定义及清单匹配，按照同样的操作步骤，依次完成其他所有门窗过梁的定义及清单匹配。

7.3　实训成果

序号	任务及问题	解答
1	什么是建筑标高？什么是结构标高？	
2	如何将钢筋抽样文件导入图形算量软件中？	
3	简述框架柱的绘制方法。	
4	简述梁的绘制方法。	
5	简述墙体的绘制方法。	
6	简述过梁的绘制方法。	
7	简述现浇板的绘制方法。	
8	简述门的绘制方法。	
9	简述窗的绘制方法。	
10	如何匹配清单？	

《预算软件实务》配套工程图

主 编 黄春霞 马梦娜

北京理工大学出版社
BEIJING INSTITUTE OF TECHNOLOGY PRESS

广联达工程造价电算化应用技能认证

试题图纸目录

建筑目录表

序号	图纸编号	图纸名称	备注
1	建施-001	建筑设计说明 门窗表	
2	建施-002	首层平面图	
3	建施-003	二层平面图	
4	建施-004	三层平面图	
5	建施-005	屋面平面图	
6	建施-006	北立面图 南立面图	
7	建施-007	侧立面图 1-1剖面图 节点详图	
8	建施-008	楼梯详图	

结构目录表

序号	图纸编号	图纸名称	备注
1	结施-001	结构设计总说明	
2	结施-002	桩位平面图	
3	结施-003	基础平面图	
4	结施-004	桩身、承台详图	
5	结施-005	基础标高3.270柱平面配筋图	
6	结施-006	标高3.270-标高6.570柱平面配筋图	
7	结施-007	标高6.570-标高9.900柱平面配筋图	
8	结施-008	二层梁标高3.270平面图	
9	结施-009	三层梁标高6.570平面图	
10	结施-010	屋面梁标高9.900平面图	
11	结施-011	二层板标高3.270配筋平面图	
12	结施-012	三层板标高6.570配筋平面图	
13	结施-013	屋面板标高9.900配筋	
14	结施-014	楼梯结构图	

建筑设计说明

一, 工程概况:

本工程为xx职工宿舍楼,本工程建筑面积为1 131平方米.本工程室内外高差为300mm, 0.000相当黄海标高为5.800,建筑总高度为10.800.本工程按六度抗震设计,框架结构,主体三层,建筑耐火等级为二级,材料耐火极限一级.本图尺寸除标高以米计外,其余尺寸均以毫米计.

本设计所用材料规格,施工要求等,除注明外,均按现行建筑安装工程施工及验收规范执行.

土建施工中的水,电预留洞,预埋件,预埋管道等,由各设备专业与土建施工专业单位配合进行预埋管道,密切配合.

二, 施工:

屋面工程:(自下而上)

现浇钢筋混凝土板,干铺100厚憎水膨胀珍珠岩保温隔热层(成品找坡2%),17厚1:3水泥砂浆找平,SBS防水卷材,4厚黄灰隔离层,上做40厚C30细石混凝土内配 φ4@150*150.

楼地面工程:

地面:卫生间为300*300地砖.做法自上至下为:地砖面层,15厚1:2水泥砂浆结合层,JS防水涂料三度(1厚),15厚1:3水泥砂浆找平层,压实赶光,150厚C25混凝土,300厚碎石垫层,素土夯实.

其余地面除楼梯间采用300*300地砖,余均为600*600地砖.做法自上至下为:地砖面层,15厚1:2水泥砂浆结合层,15厚1:3水泥砂浆找平层,压实赶光,150厚C25混凝土,300厚碎石垫层,素土夯实.

楼面:卫生间为300*300地砖.做法自上至下为:地砖面层,15厚1:2水泥砂浆结合层,JS防水涂料三度(1厚),15厚1:3水泥砂浆找平层,素水泥浆结合层,钢筋混凝土板.

其余楼面除楼梯间采用300*300地砖,余均为600*600地砖.做法自上至下为:地砖面层,15厚1:2水泥砂浆结合层,15厚1:3水泥砂浆找平层,素水泥浆结合层,钢筋混凝土板.

粉刷工程:

外墙:自内而外做法为20厚1:3水泥砂浆,30厚挤塑聚苯板,带单面钢丝网,14厚1:3水泥砂浆分层抹平,6厚1:2.5水泥砂浆面,防水涂料面.

内墙:卫生间自外而内做法:150*200瓷砖贴面(专用粘合剂粘贴,专用勾缝机勾缝),8厚1:2水泥砂浆粉面刮糙,12厚1:3水泥砂浆打底压实抹平,水泥基防水涂膜一道,内墙面.

其余内墙为白色乳胶漆一底二面,满刮腻子两道,8厚1:0.3:3水泥石灰砂浆罩面抹光,12厚1:1.6水泥石灰砂浆分层抹平,内墙面.

踢脚:卫生间为150高黑色缸砖, 8厚1:2水泥砂浆粉面刮糙,12厚1:3水泥砂浆打底压实抹平,水泥基防水涂膜一道,内墙面. 其余为150高花岗岩贴面,干水泥擦缝,6厚1:2水泥砂浆罩面,压实赶光,12厚1:3水泥砂浆打底扫毛,内墙面.

天棚:喷白色乳胶漆二度二面,白水泥(加老粉)掺建筑胶防水抹平,钢筋混凝土梁板底刷素水泥浆一道.

油漆门窗工程:

所有外露铁件除锈后刷红丹防锈漆一度,外刷醇酸调和漆一底二度.夹板木门木扶手满披腻子后,刷醇酸调和漆一底二度.夹板木门和木扶手均为本色,铝合金窗为银灰色断热铝合金中空玻璃窗,玻璃为5+6A+5中空玻璃.

雨水管采用UPVC管及配套配件,管径为DN110所有雨水管均须加落水头和铸铁球罩.

卫生间等有可能积水的房间,均应较室内低30MM,并做出泛水,坡向地漏出水口或集水坑.

所有窗口,窗顶挑出部分和墙压顶,雨篷及其它挑出部分, 均须做滴水线.

所有外墙材料均须制版,由设计人员认可后方可施工.

门梁未注明均为120.墙梁与框架柱边距离在240(含240)以内时,均采用C20混凝土整体浇捣.墙体未注明均为240厚,轴线居墙中.

门窗表

门窗名称	洞口尺寸	门窗数量	图集名称	备注
TLC1212	1200x1200	6	06J607-1图集	
TLC1218	1200x1800	6	06J607-1图集	
TLC1818	1800x1800	43	06J607-1图集	
M1527	1500x2700	2	xxJ7-91 DLM-1527	
M0921	900x2100	3	xxJ2-93-16M0921	
M1021	1000x2100	36	xxJ2-93-16M1021	

楼层信息表

楼层类型	建筑标高	结构标高	层高	单位	备注
首层	±0.000	-0.030	3.3	m	
二层	3.300	3.270	3.3	m	
三层	6.600	6.570	3.3	m	
屋顶		9.870			

附注:本工程仅为广联达软件股份有限公司技能认证图纸,不可用于实际施工.

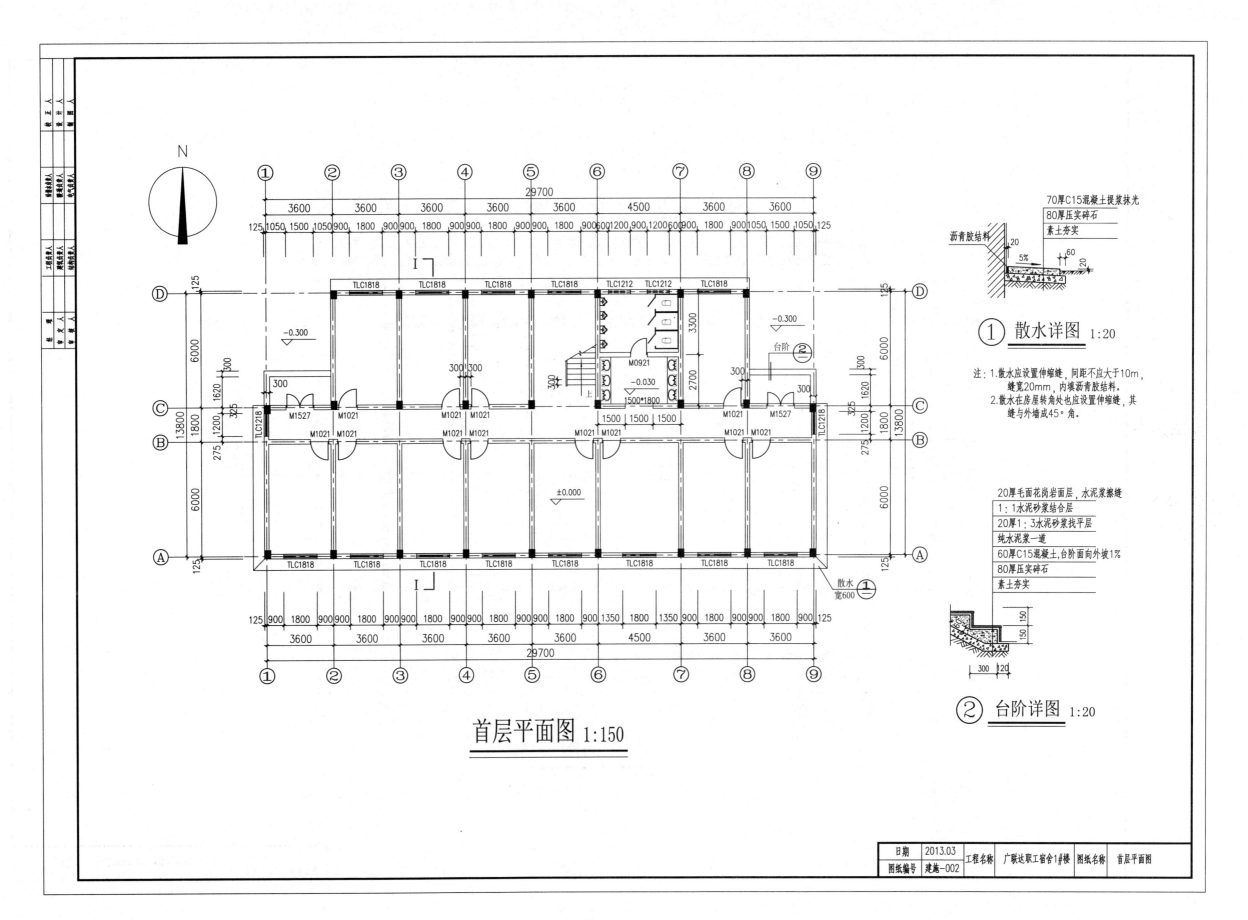

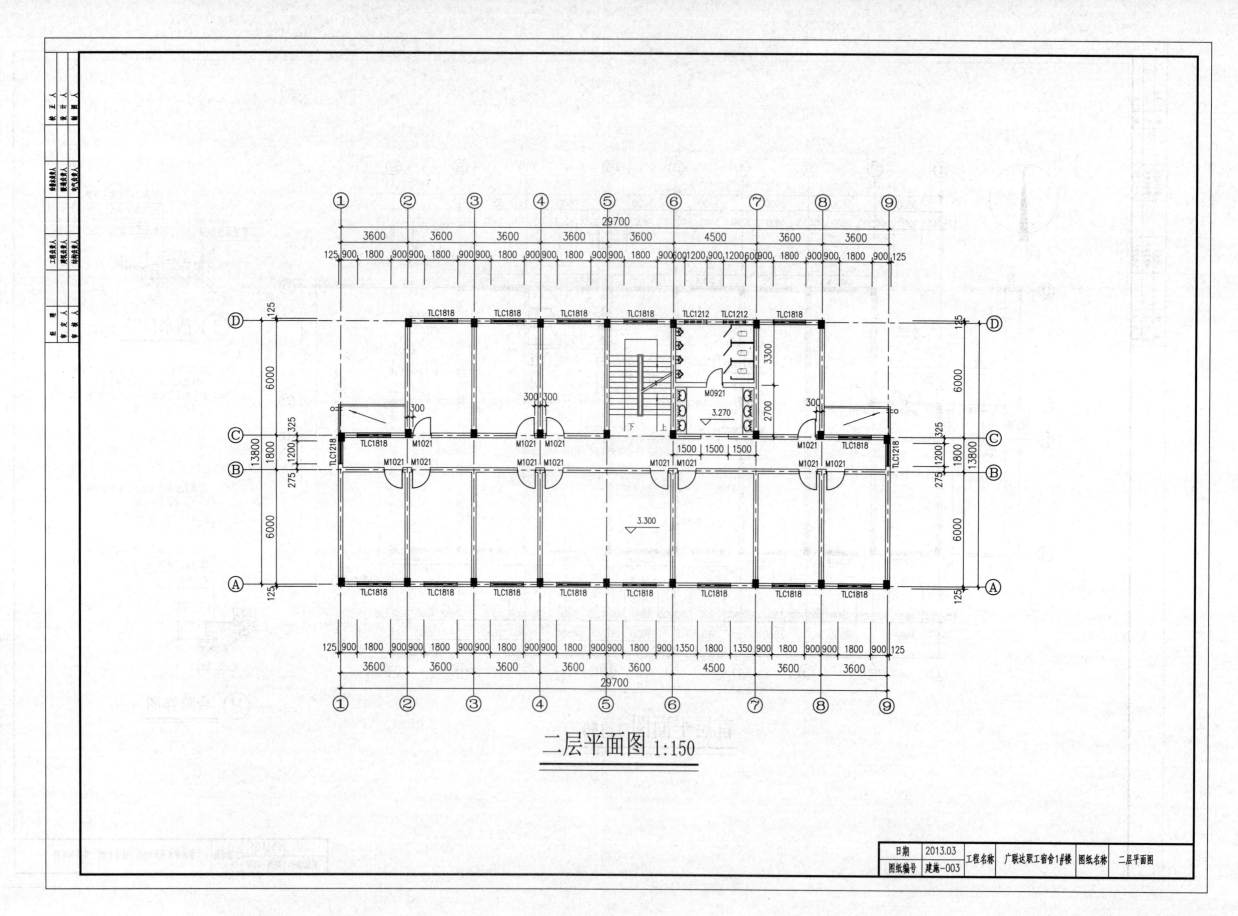

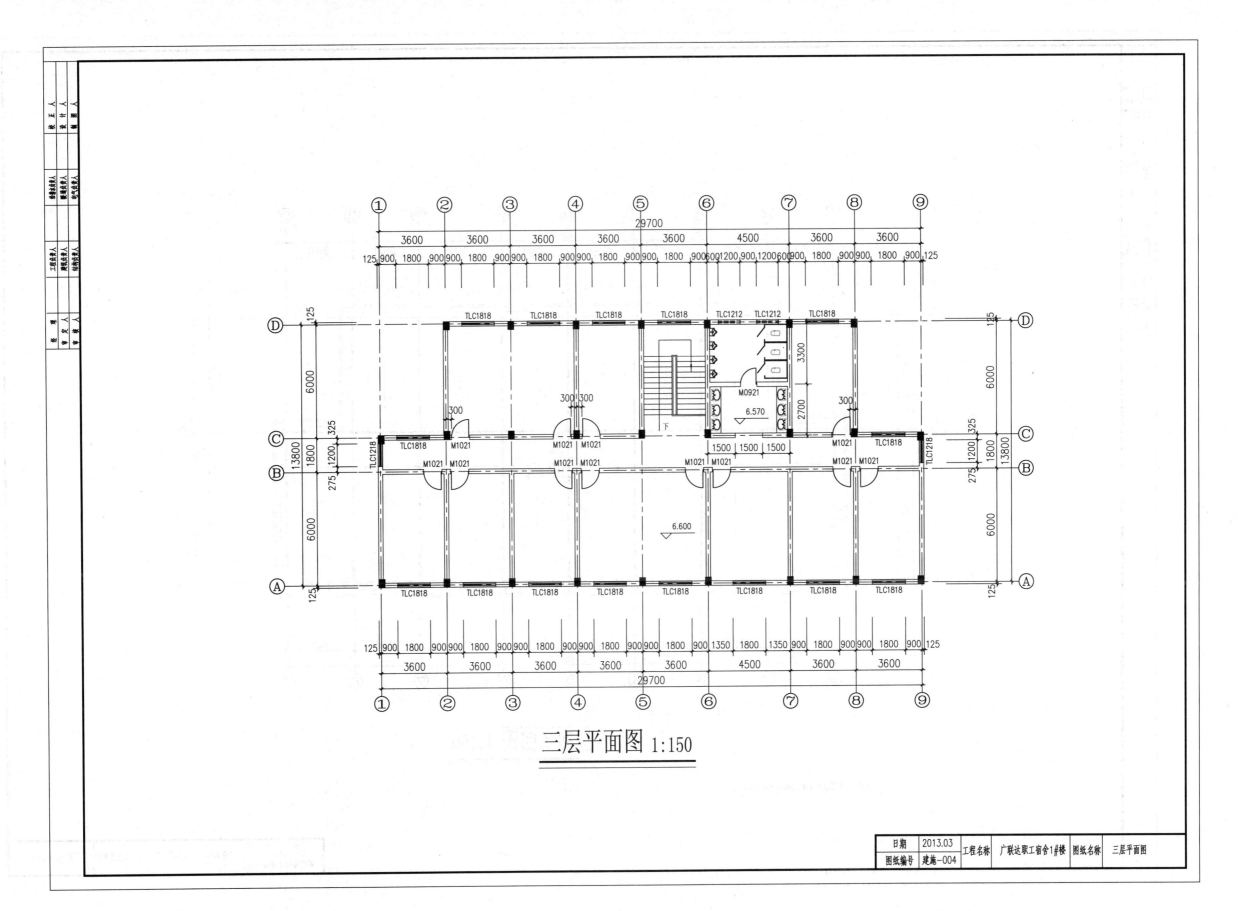

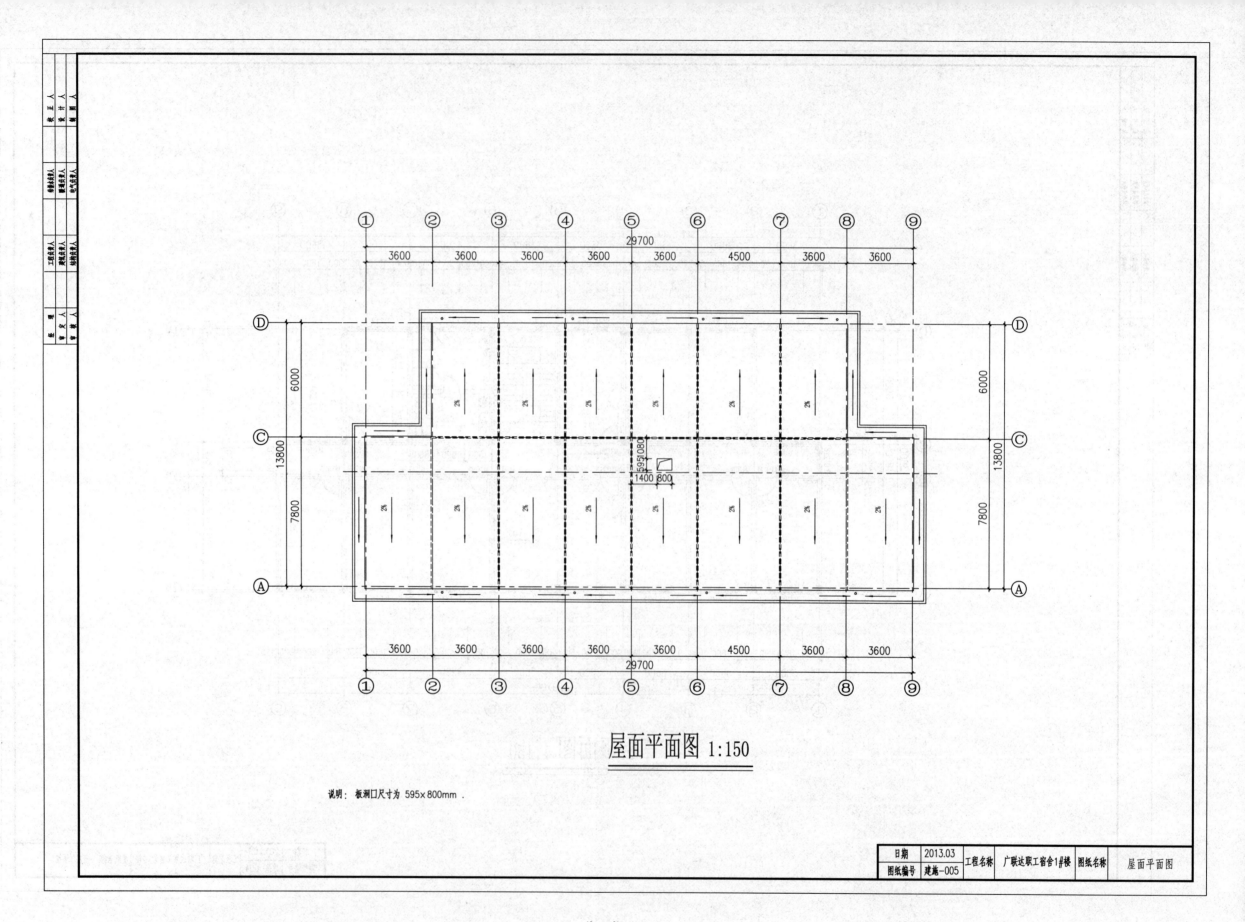

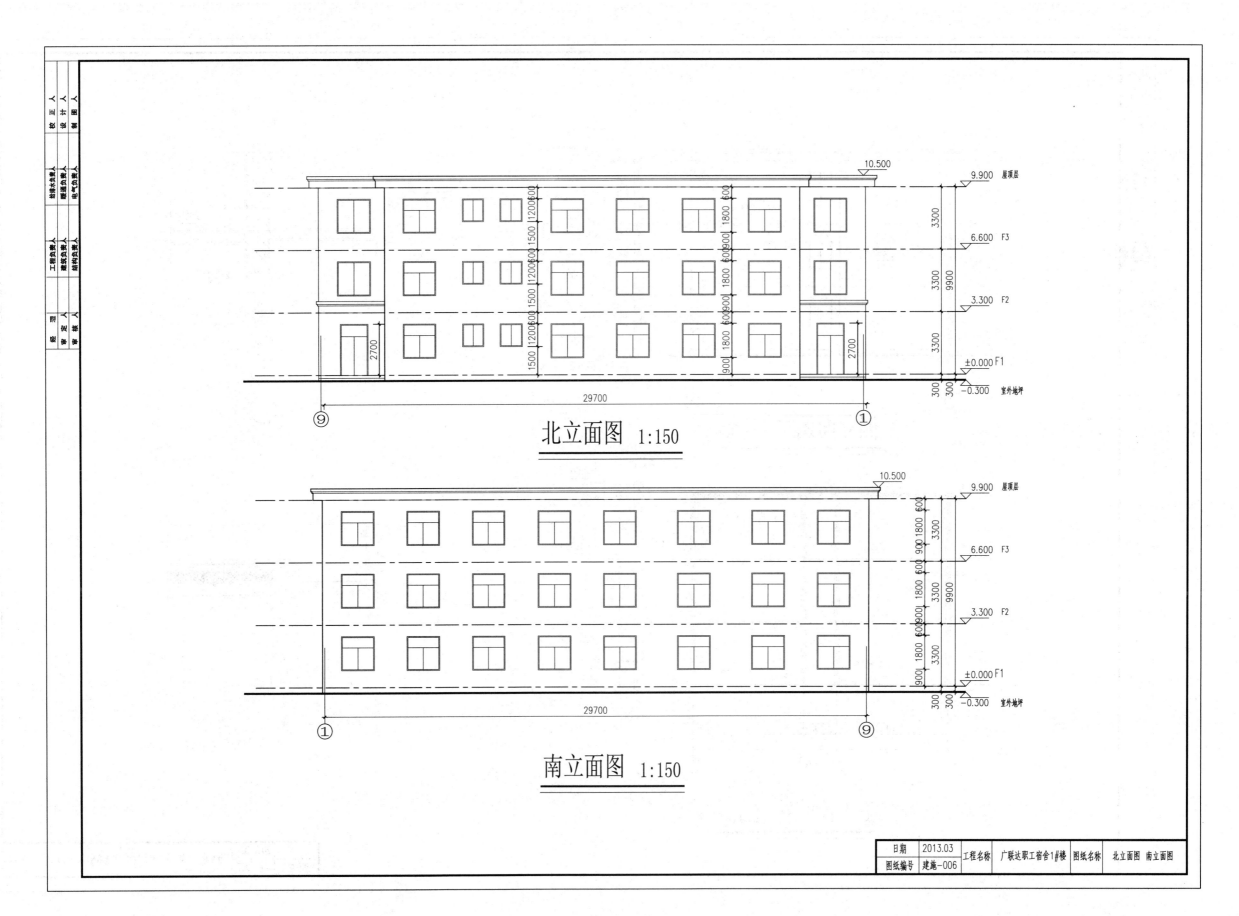

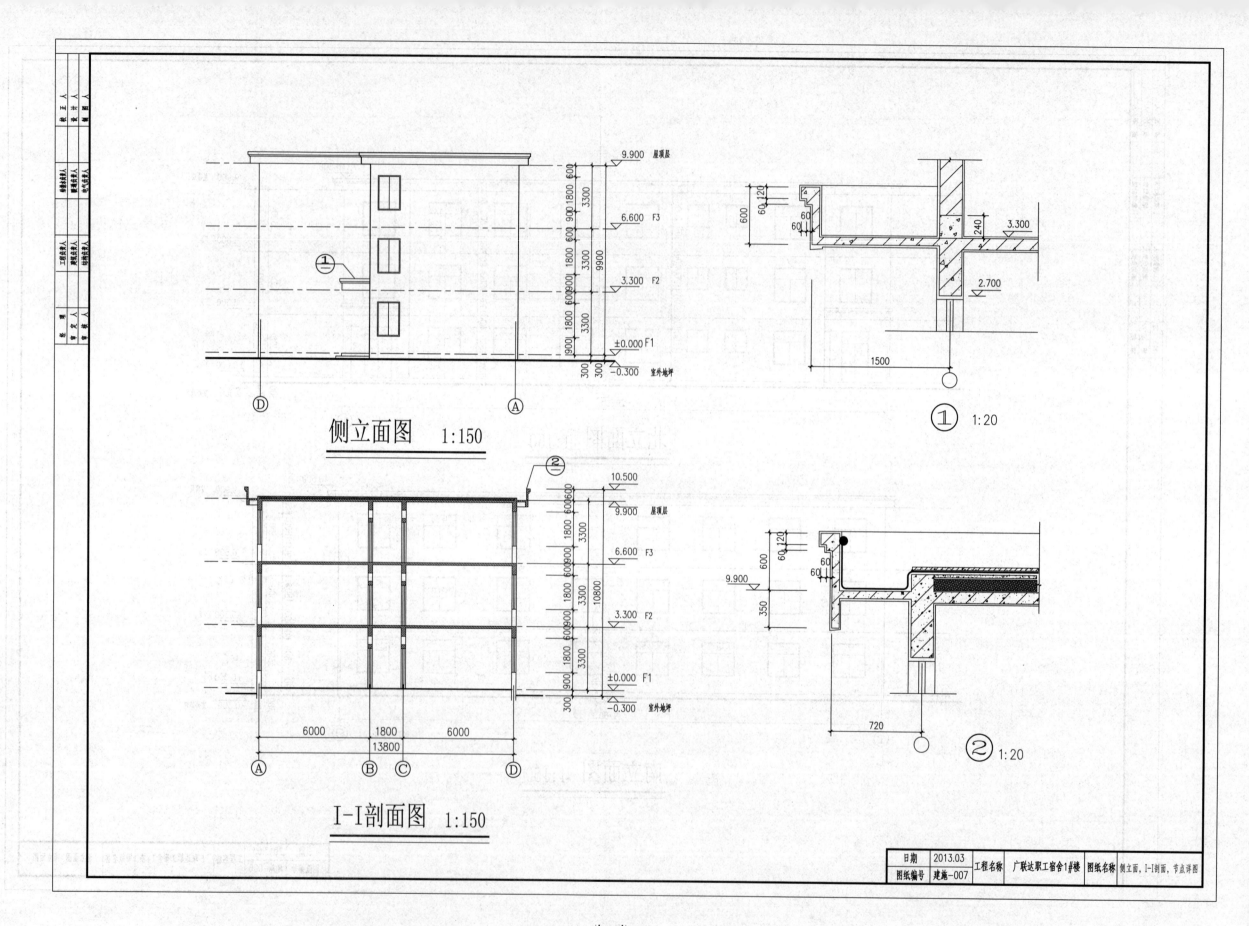

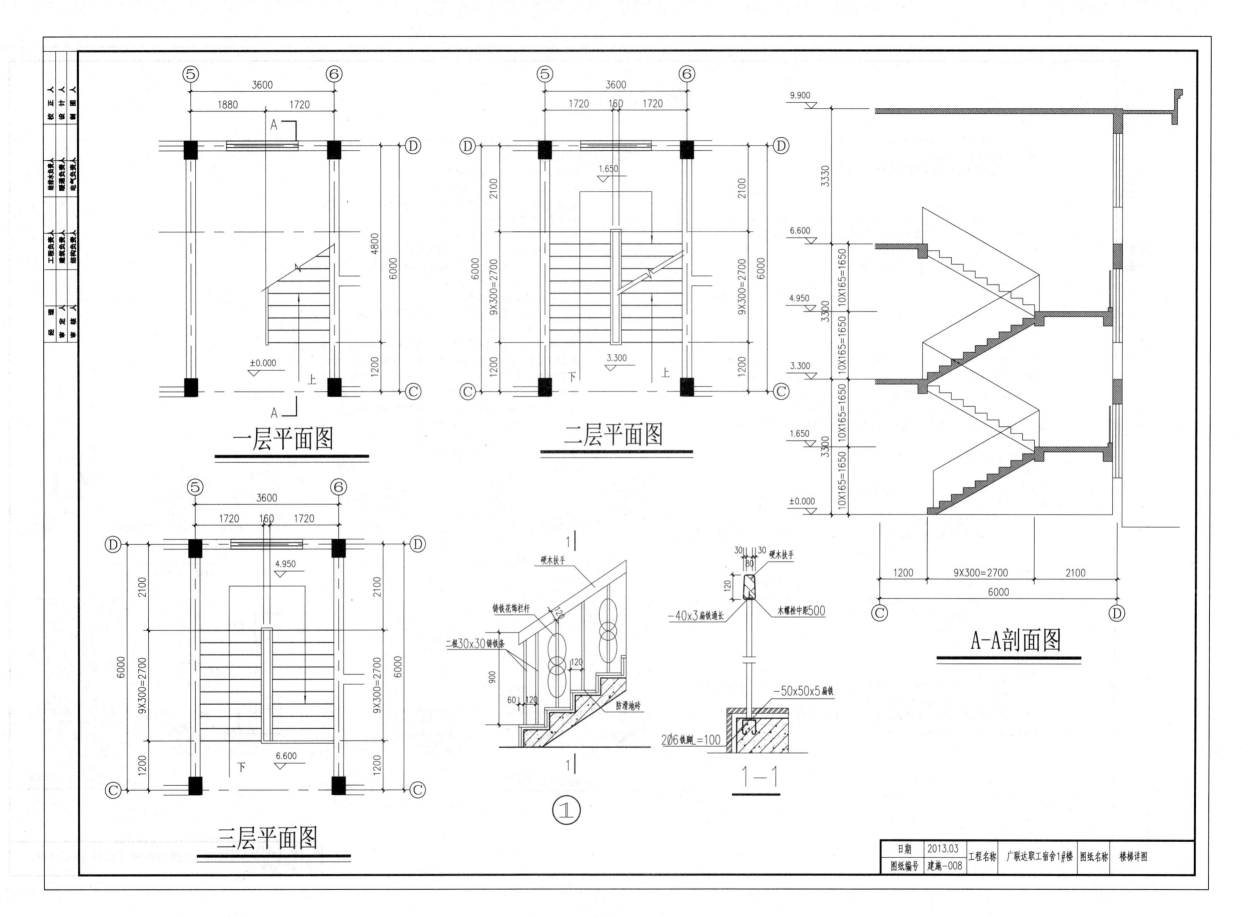

结构设计总说明

一、设计总则

1. 本工程设计标高 ±0.000 相当于绝对标高见建筑说明.
2. 标高以米计,其余尺寸以毫米计.
3. 本工程依据现行国家标准规范,规程和有关审批文件进行设计.
4. 施工中应严格遵守国家各项施工及验收规范 本设计未考虑高温及冬雨季施工措施 施工单位应根据有关施工规范自定.
5. 本工程抗震设防烈度为六度,设计基本地震加速度值为0.05g,建筑抗震重要性类别为乙类,房屋总高度 9.93M,层数为三层 房屋结构使用年限 50 年,结构安全等级为二级,框架抗震等级为四级.场地土类别一类.
6. 本工程为框架结构体系基础说明另详.基础设计等级为丙级.
7. 设计活荷载标准值:

   办公室   2.0KN/M²   楼梯间   3.5KN/M²
   卫生间   2.5KN/M²   不上人屋面   0.5KN/M²
   走廊   2.0KN/M²

   按 《建筑结构荷载规范》(GB50009-2012),基本风压值0.45KN/M²地面粗糙度B 类基本雪压值 0.45KN/M². 楼层房间应按建筑图中注明内容使用,未经设计单位同意,不得任意更改使用内容 同时也不得在楼层梁板上增设建筑图中未标注的隔墙(泰柏板等轻质隔墙除外).
8. 凡预留洞 预埋件均应严格按照结构图并配合其他工种图纸进行施工,未经结构设计人员同意 严禁自行留洞或事后凿洞.施工洞的留洞必须征得设计单位的同意.
9. 本工程按国标设计图集《混凝土结构施工图平面整体表示方法制图规则和构造详图》(11G101-1) 制图和施工.
10. 若各图单独说明与本说明有矛盾,请及时与设计单位联系.

二、材料

1. 钢材: (1) 钢筋 Φ为 HPB235 ,Φ为 HRB335.
         (2) 钢板及型钢 : Q235
         (3) 所有外露铁件均应除锈红丹两道 刷防锈漆两度.
2. 焊条: E43 型: 用于钢筋与钢板型钢焊接 HPB235, 焊接 HPB235 与 HRB335 焊接
         E50 型: 用于 HRB335 焊接.
3. 混凝土除注明外均为C25.
4. 墙体: (1) 标高±0.000以下采用 MU10 烧结普通砖 M10 水泥砂浆实心砌体.
         (2) 标高±0.000)以上外墙 卫生间墙体采用MU10(KP1),烧结多孔砖 M5.0混合型砂浆实心砌体其余隔墙采用 500 级加气混凝土砌块,M5.0混合砂浆砌筑.
         (3) 本工程墙厚均为240MM.

三、结构构造与施工要求

1. 钢筋的混凝土保护层:
   (1) 室内正常环境下受力钢筋混凝土保护层厚度 板为 15mm,梁为 25mm, 柱为 30mm.
   (2) 基础梁、板 柱底面钢筋的混凝土保护层厚度40mm.
   (3) 屋顶女儿墙采用MU10 烧结普通砖 M5.0 混合砂浆实心砌体.
2. 柱顶层主筋必须弯入屋面纵横梁内锚固,详见(11G101-1)
3. 当梁与柱边平齐时,除在基础中地梁主筋应在柱的纵筋外面外 其余梁的主筋应弯入柱子的纵筋里面.
4. 悬臂梁、悬挑板的支撑须待混凝土强度达到 100% 后方可拆除.
5. 所有以断面表示的梁,其主筋的锚固长度≥Lae.
6. 板上开洞加强筋示意详见图1(除图中注明外) 梁上开洞加强筋示意详见图5.
7. 梁上设置柱时,节点详见图2.
8. 梁除详图注明外,应按施工规范起拱.
9. 卫生间内隔墙为半砖墙.凡半砖墙均为后砌填充墙.
10. 墙体拉结筋的设置,梁、柱箍筋加密 构造柱边砌体马牙槎的砌筑等构造措施均采用《烧结多孔砖及烧结空心砖房屋建筑构造》(xx J20-95). 墙长大于5M 时,墙中设置构造柱GZ. 框架结构中所有构造柱与框架梁的连接详见图6.
11. 所有门窗洞顶除已有梁外 均设置 C20 混凝土过梁 骑见翻洞在柱边时详见图.

四、钢筋混凝土结构施工中必须密切配合建施 电施 水施 暖施等有关图纸施工如配合建施图的栏杆 钢梯 门窗安装等设置预埋件或预留孔洞 柱与墙身的拉结钢筋等.电施的预埋管线防雷装置.接地与柱中纵筋焊成一体,电施预埋铁板等.水施图中的预埋管及预留洞等.

五、沉降观测点均设置于勒脚上口,点位选在建筑物的四角 大转角处及沿外墙中 15M 处,沉降观测自施工至 ±0.000 时首次观测 以后待每层结构,完成观测一次 结顶以后每月观测观测一次,竣工后每半年观测一次观测资料由施工单位保存,并送我院一份作分析备用.

六、本说明未及之处按现行规范和有关施工图执行.

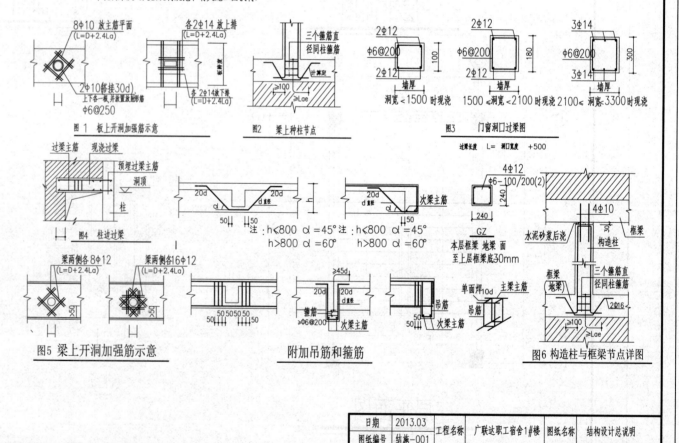

图1 板上开洞加强筋示意   图2 梁上种柱节点   图3 门窗洞口过梁图

图4 柱边过梁

图5 梁上开洞加强筋示意   附加吊筋和箍筋   图6 构造柱与框梁节点详图

日期	2013.03	工程名称	广联达职工宿舍1#楼	图纸名称	结构设计总说明
图纸编号	结施-001				

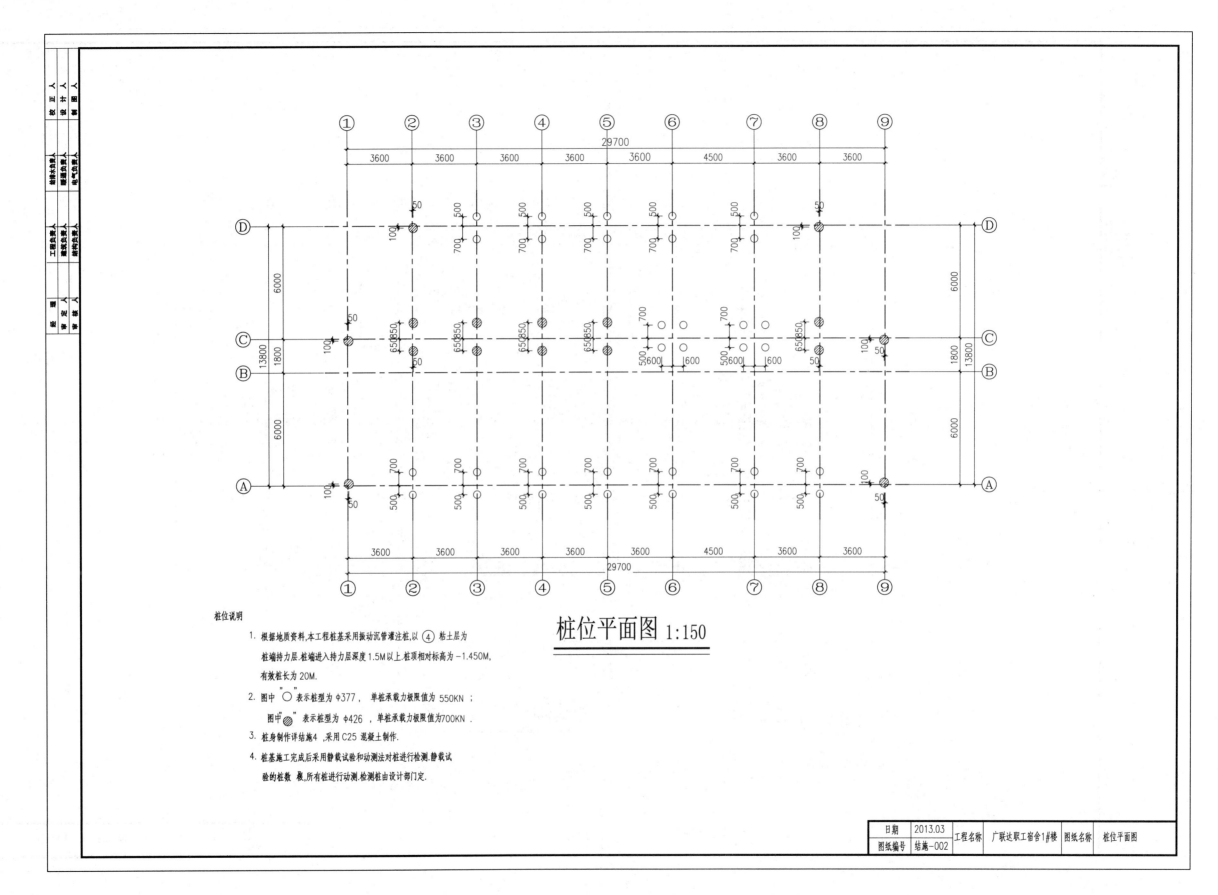

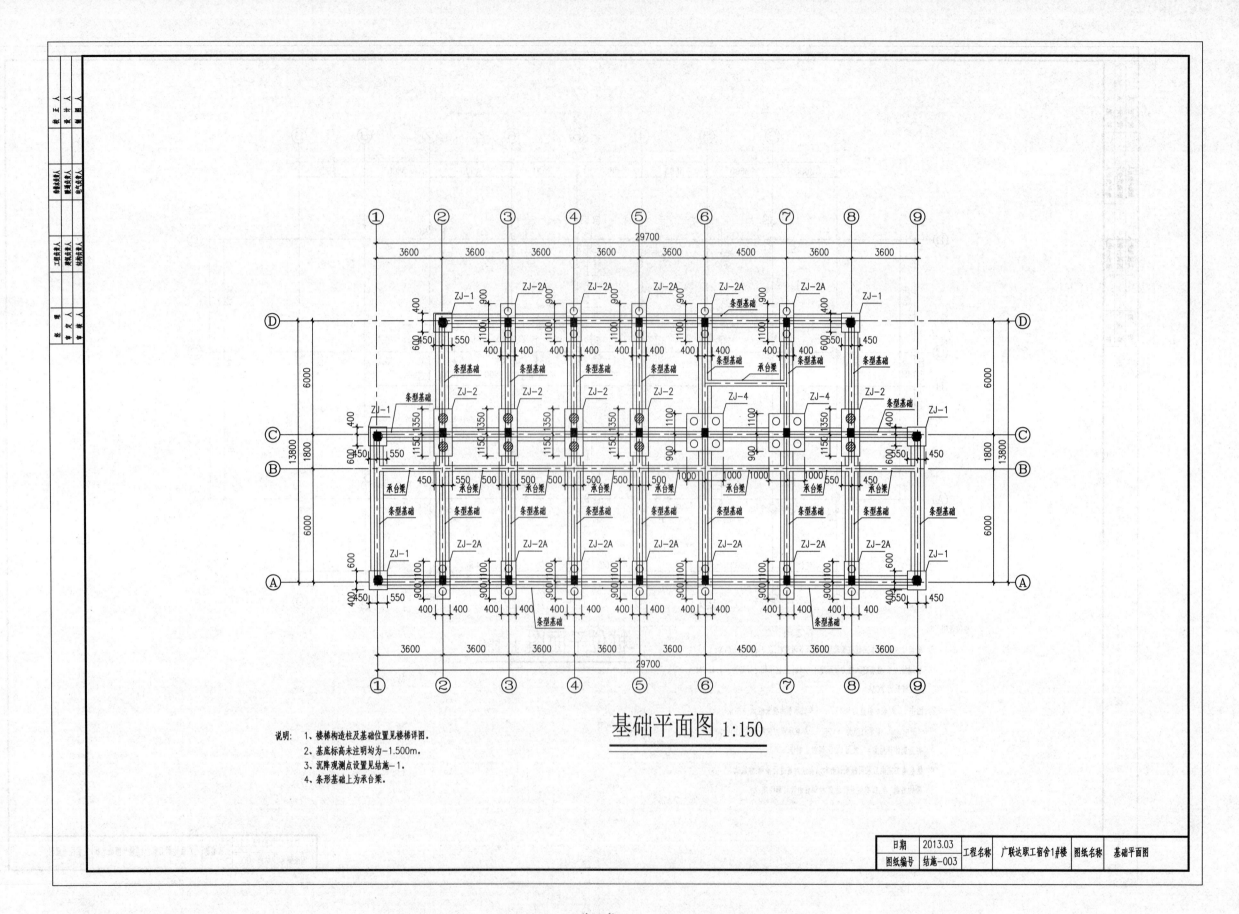

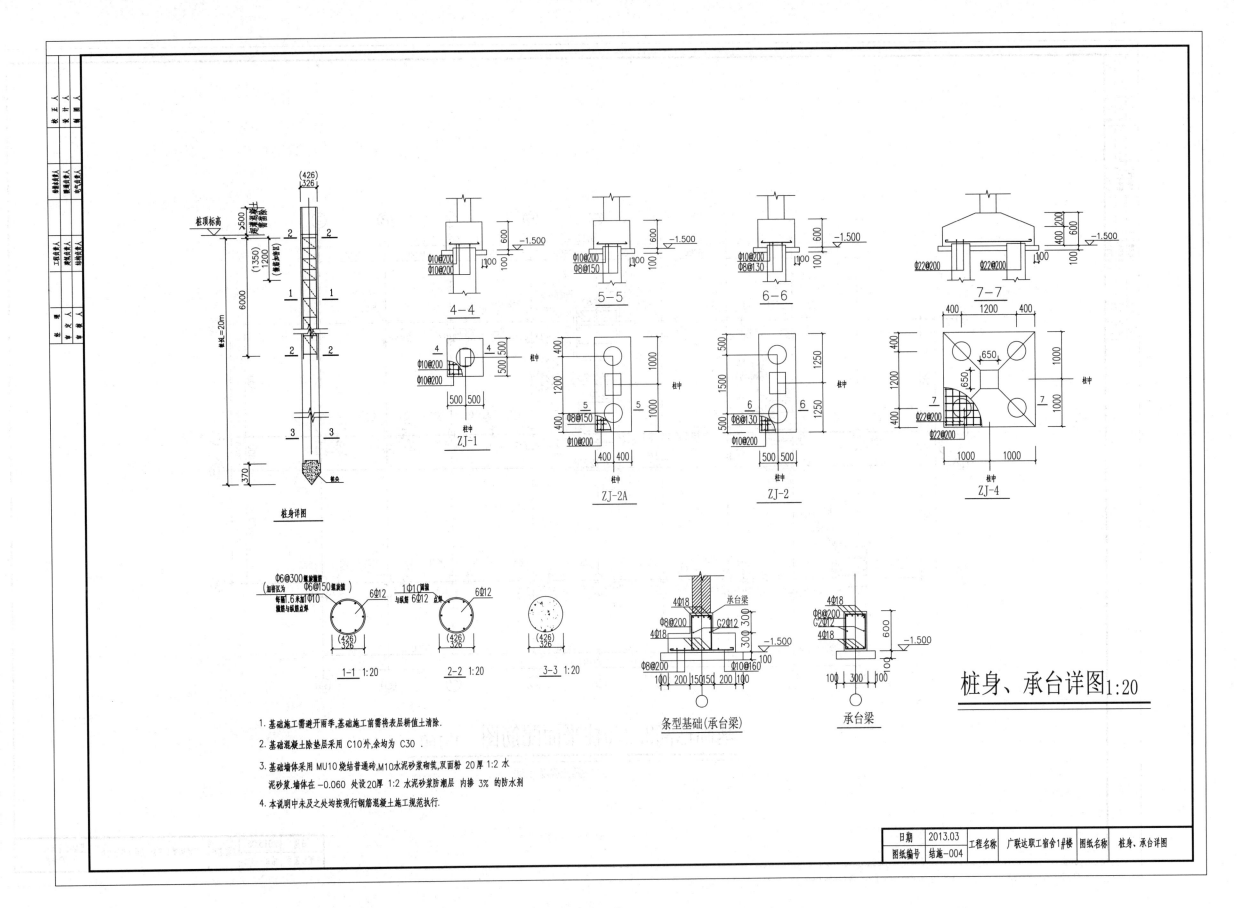

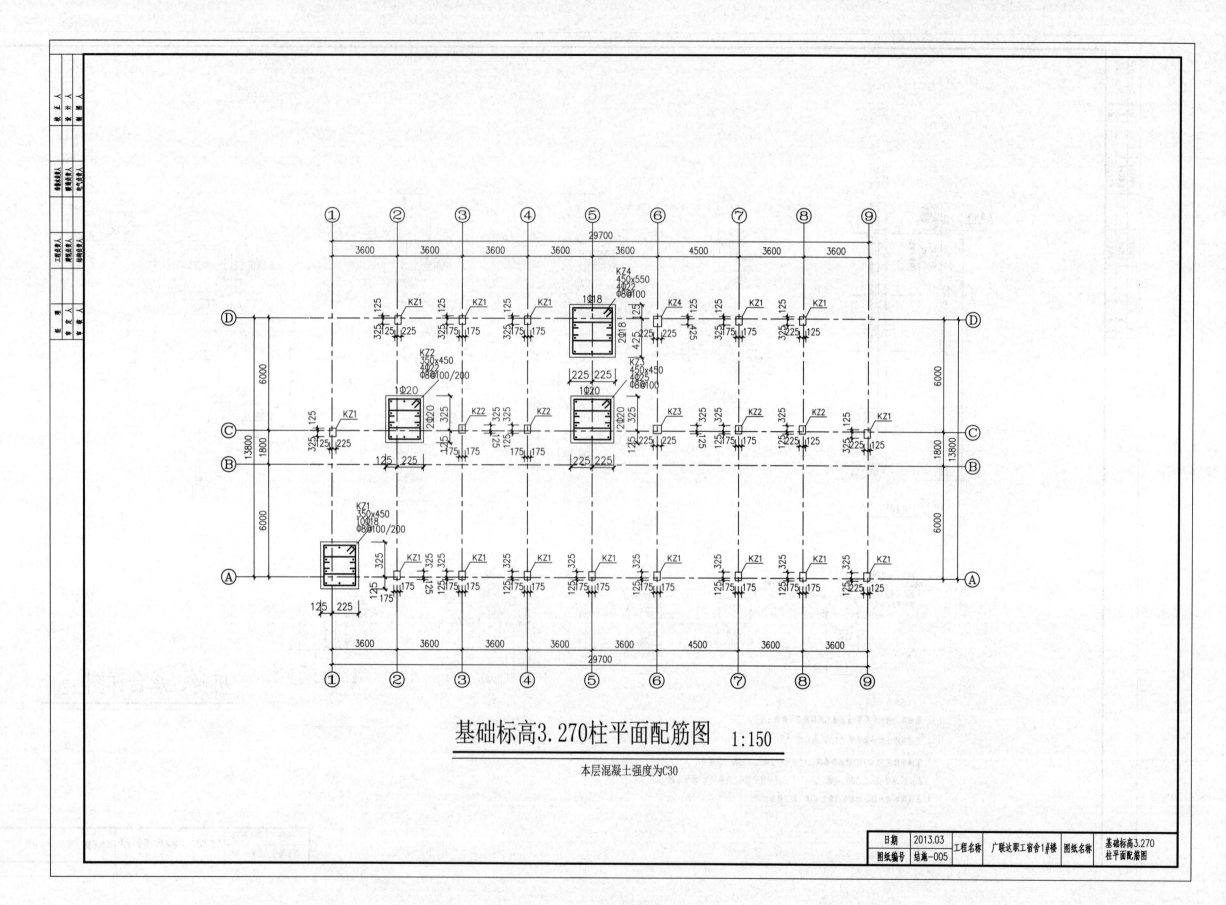

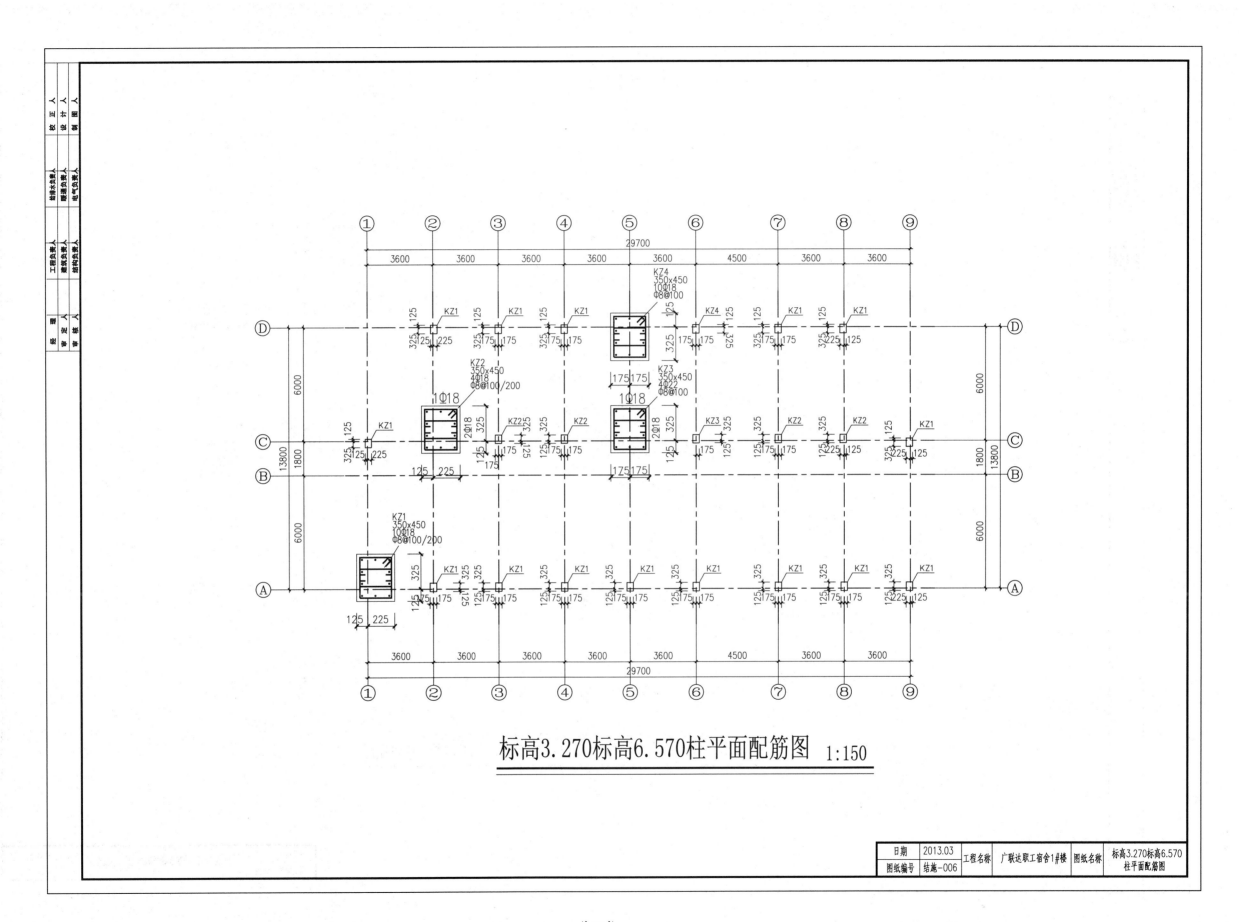

标高3.270标高6.570柱平面配筋图 1:150

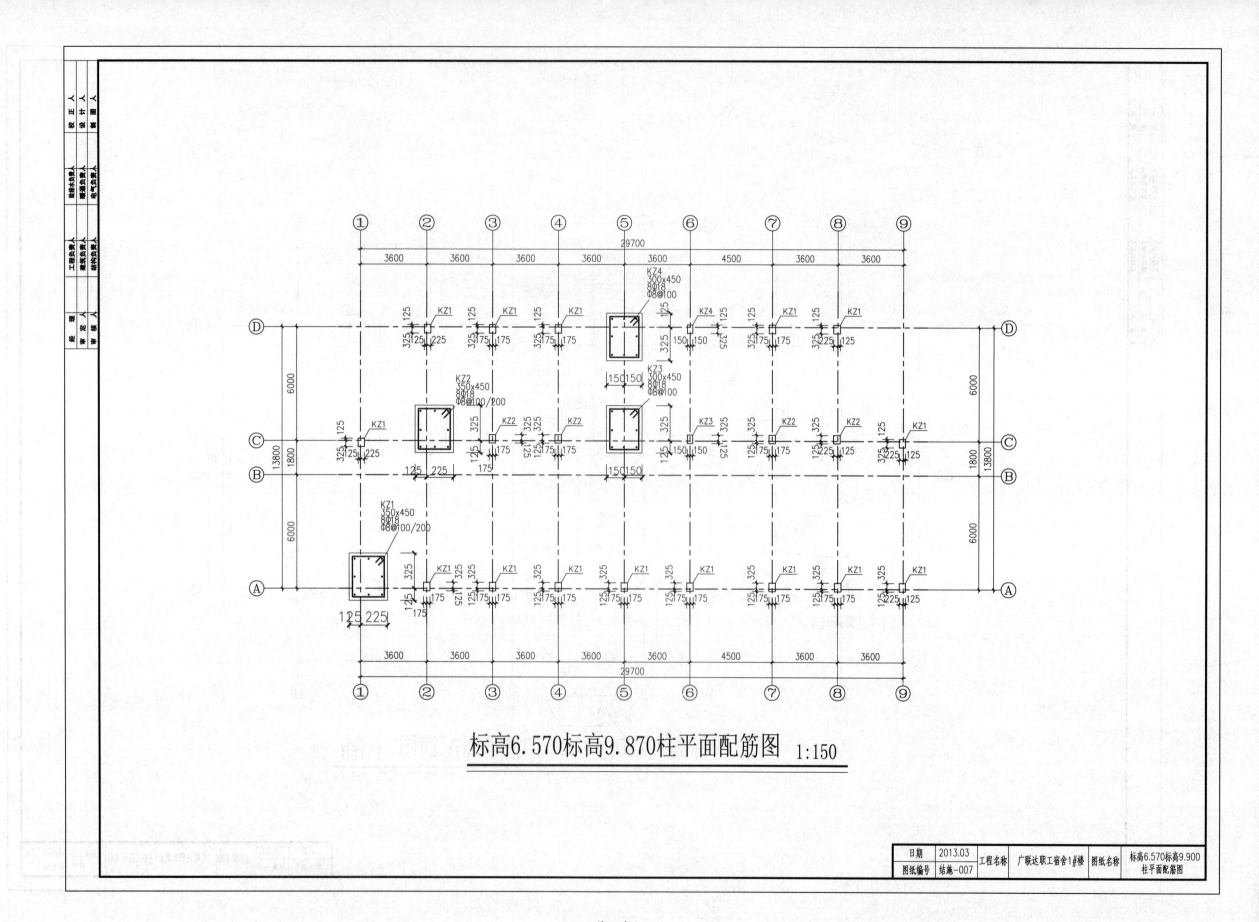

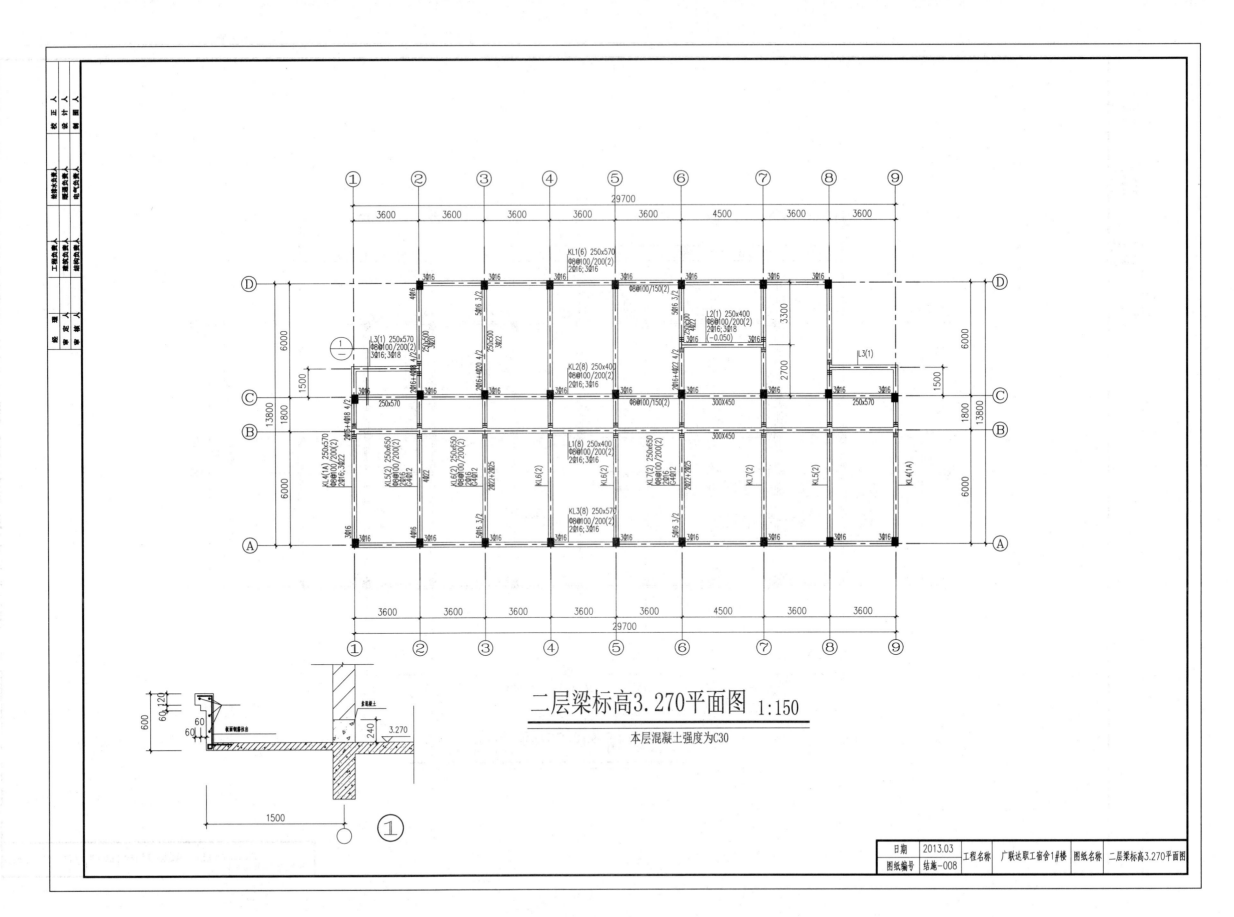

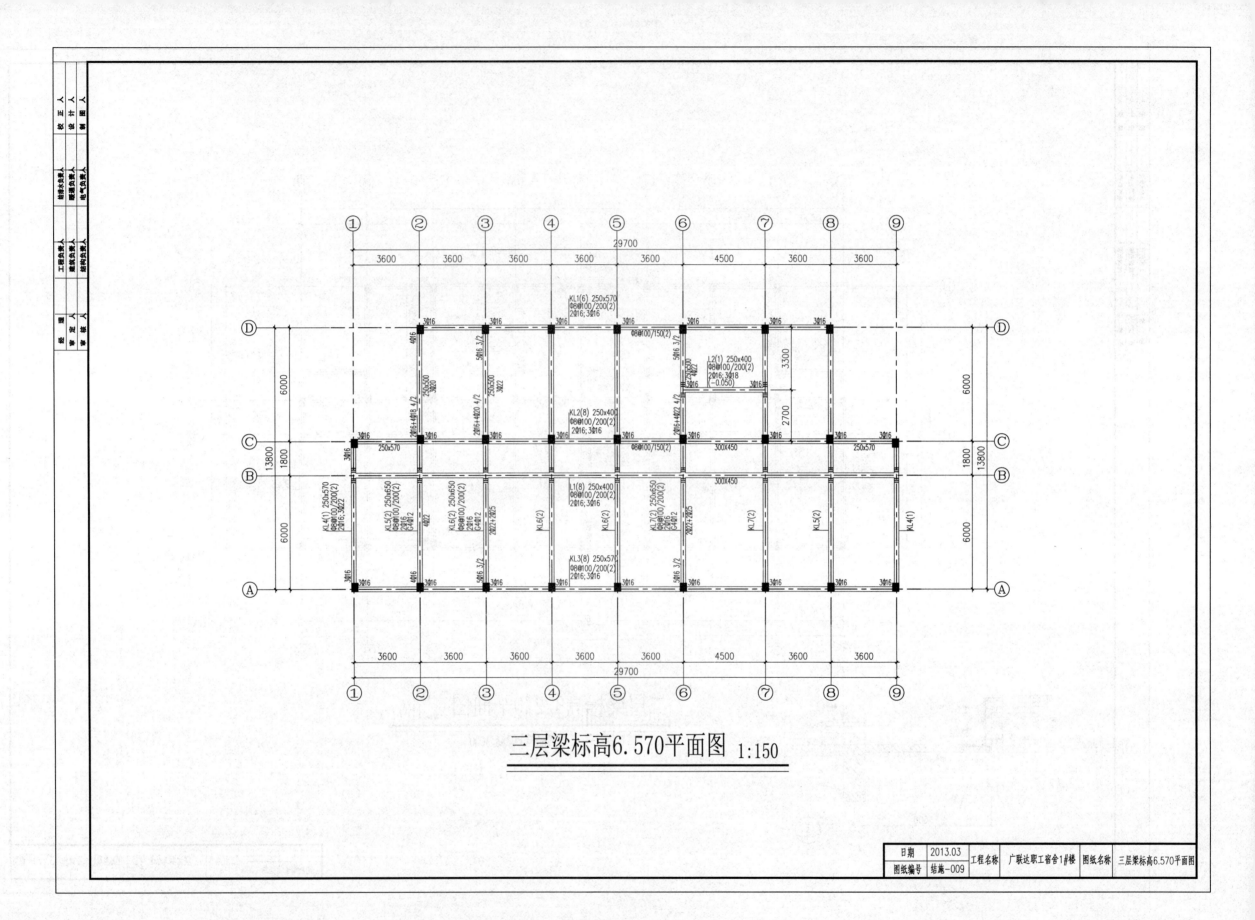
三层梁标高6.570平面图 1:150

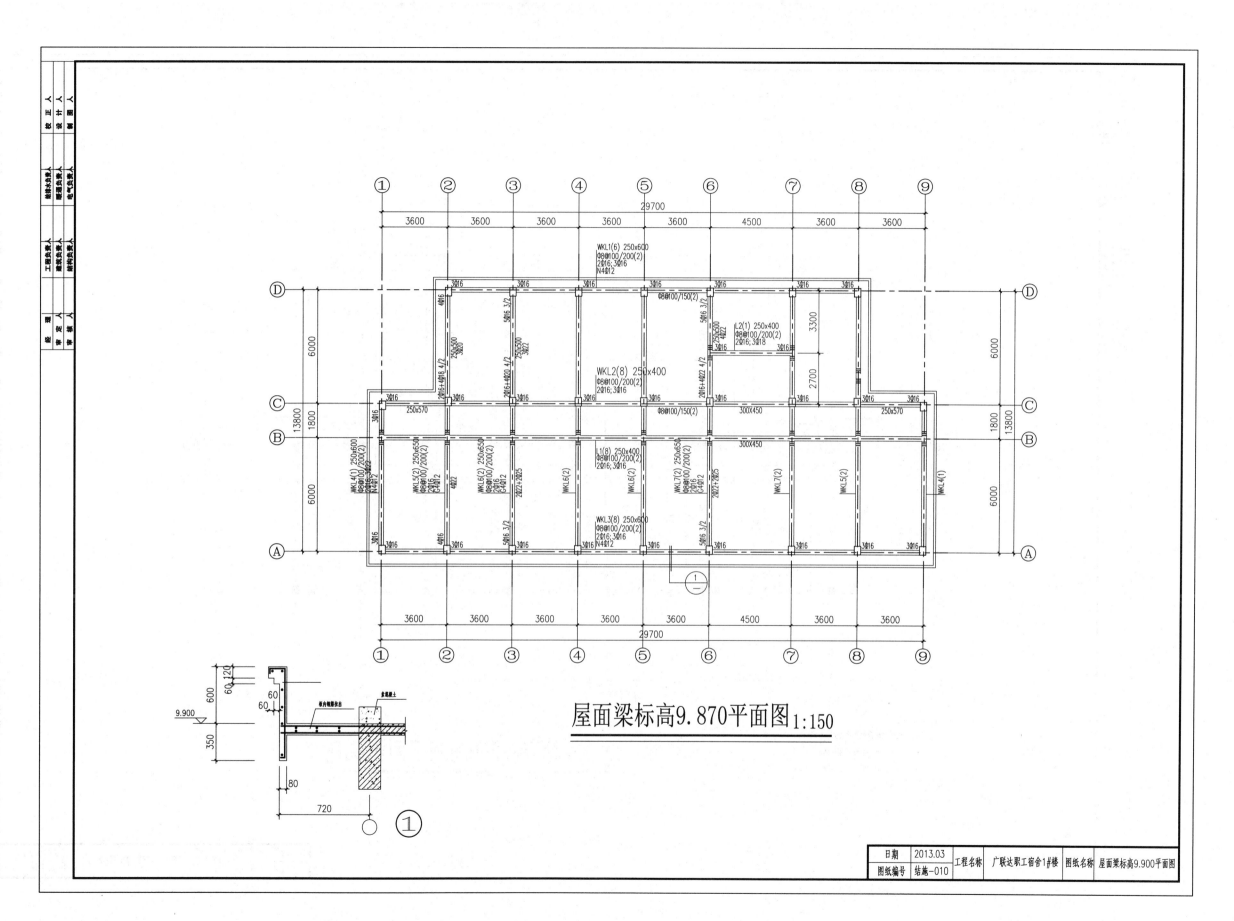

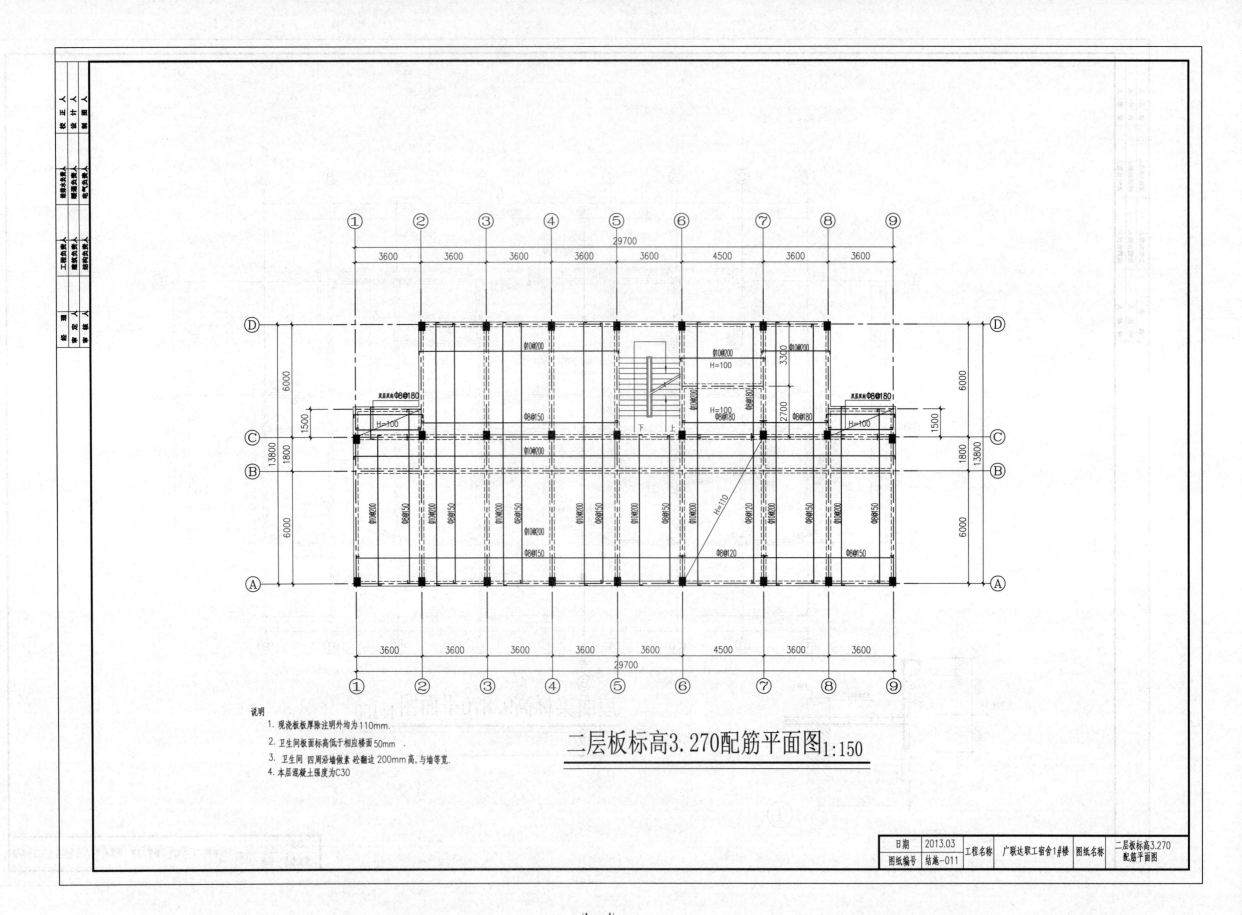

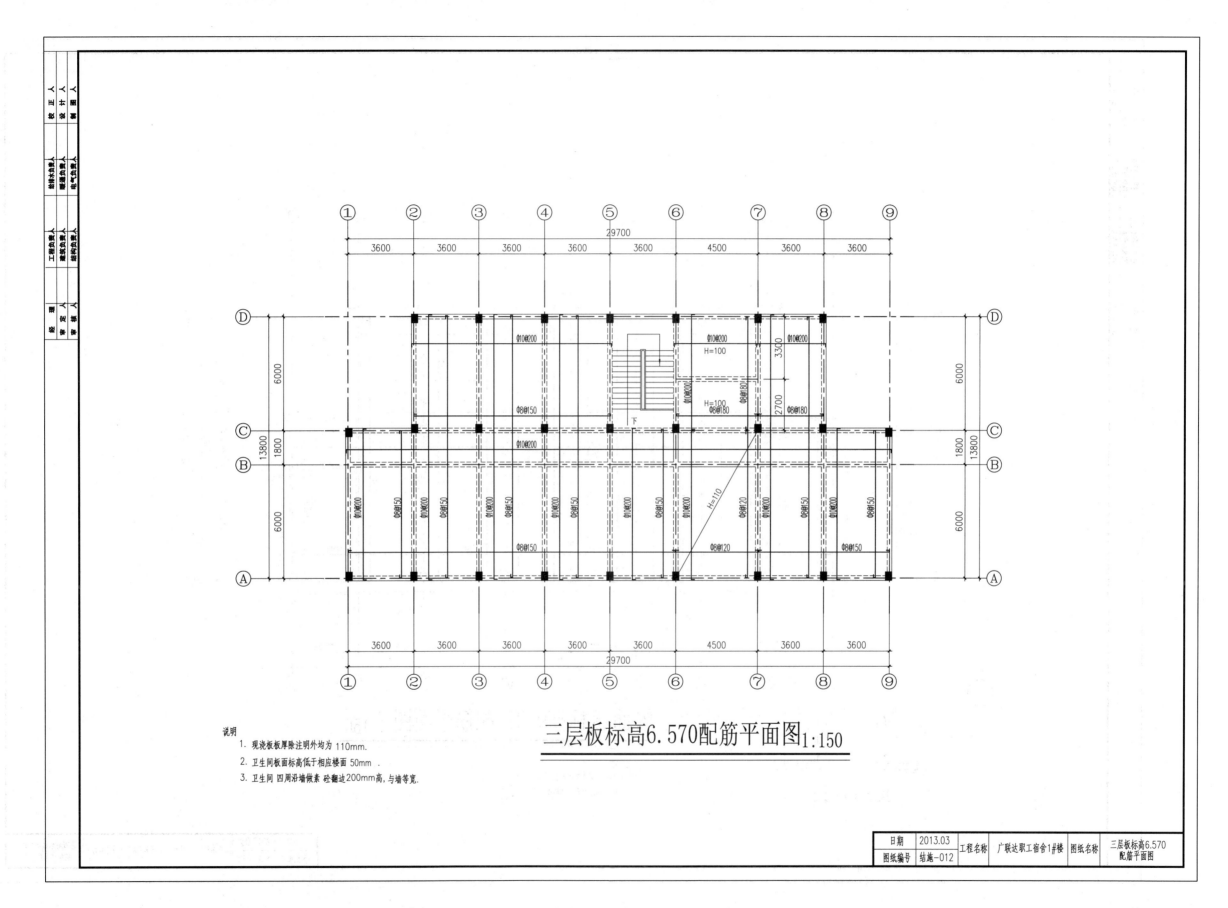

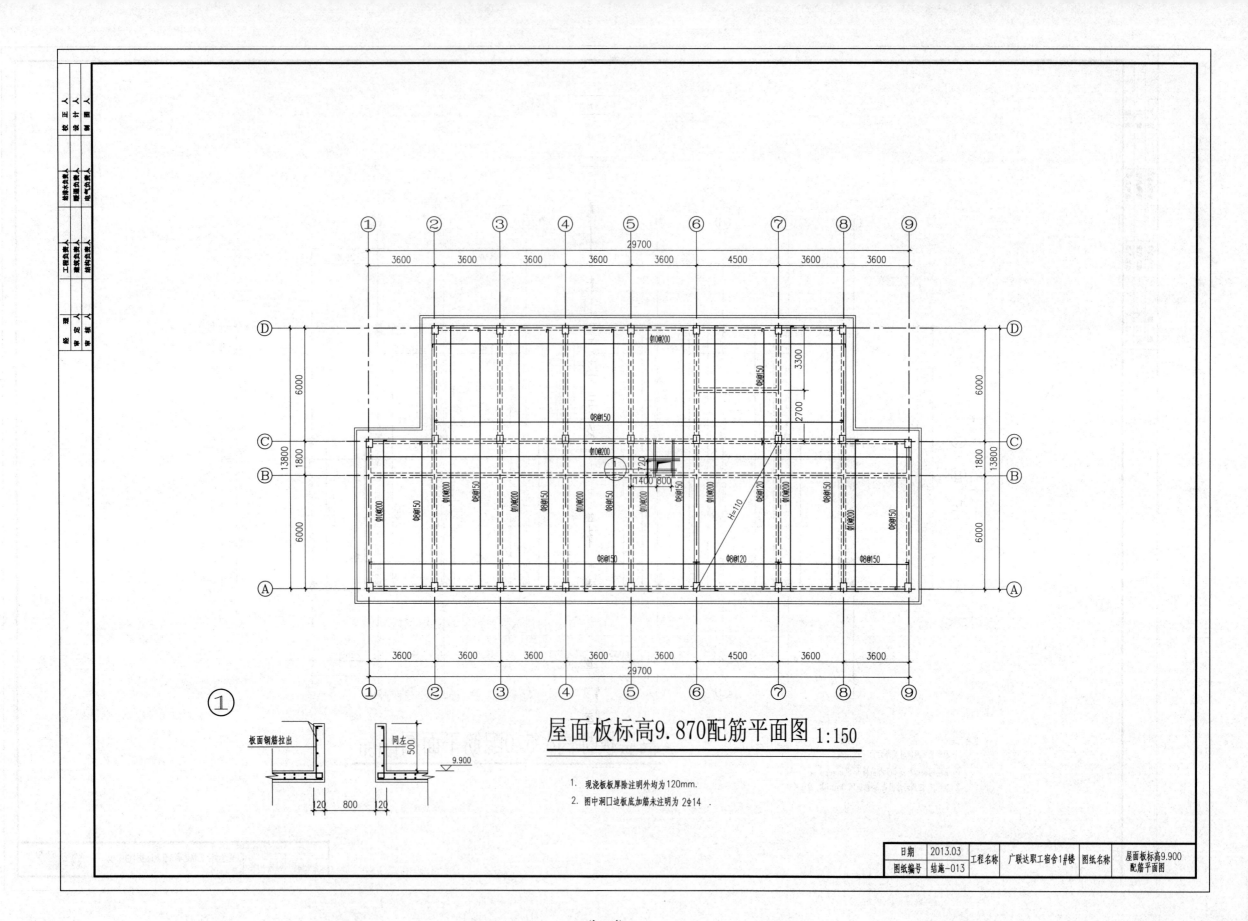

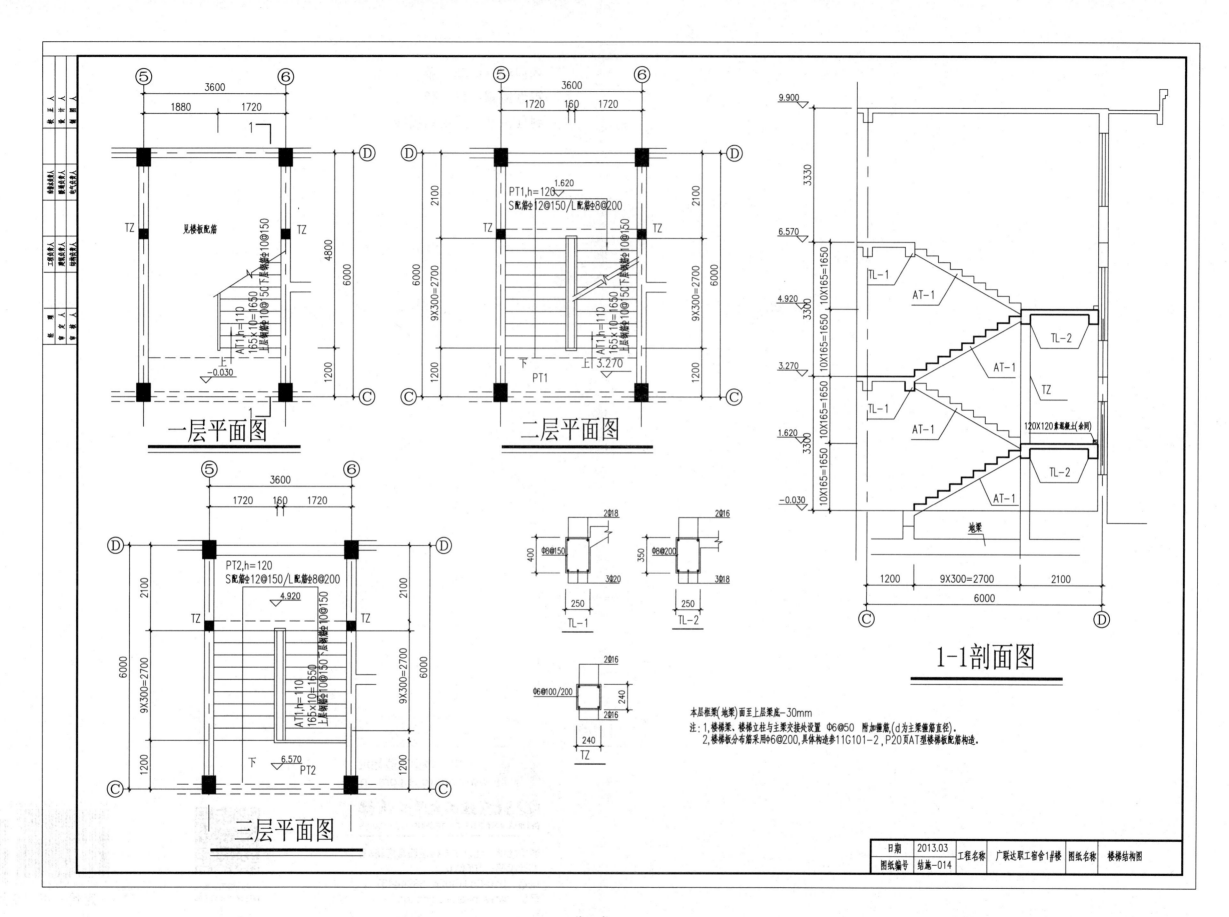

项目编辑：李　鹏
策划编辑：李　鹏
封面设计：风语纵贯线

免费电子教案下载地址
www.bitpress.com.cn

北京理工大学出版社
BEIJING INSTITUTE OF TECHNOLOGY PRESS

通信地址：北京市丰台区四合庄路6号
邮政编码：100070
电　话：010-68914026　68944437
网　址：www.bitpress.com.cn

关注理工职教
获取优质学习资源

ISBN 978-7-5682-2822-0

定价：49.00元

7.4　首层土建工程量汇总

序号	项目编码	项目名称	项目特征	单位	工程量
1					
2					
3					
4					
5					
6					
7					
8					
9					
10					

项目8 二层土建工程量计算

8.1 技能要求

8.1.1 知识目标

1. 熟练识读二层图纸；
2. 掌握楼层不同构件的修改方法。

8.1.2 能力目标

1. 掌握层间复制图元的两种方法；
2. 能够快速、熟练地修改构件。

8.2 实训内容

（1）分析框架柱。分析结施-005和结施-006，二层框架柱和首层相比，KZ-1、KZ-2截面尺寸、混凝土强度等级没有差别，不同的是KZ-3、KZ-4截面尺寸不同。

（2）分析框架梁。分析结施-008和结施-009，二层梁和首层相比，框架梁截面尺寸、混凝土强度等级没有差别，不同的是二层没有L-3。

（3）分析现浇板。分析结施-011和结施-012，二层现浇板和首层相比，现浇板厚度、混凝土强度等级没有差别，不同的是二层没有雨篷板。

（4）分析砌体墙、门窗。分析建施-002和建施-003，二层和首层相比，①~②轴以及⑧~⑨轴间的M1527换为TLC1818，导致此处的过梁也有所不同。

由以上分析可知，二层和首层只有部分构件不同，首层绘制完毕后，可以通过软件中的层间复制功能来快速绘制第二层的构件。层间复制软件中主要有两种方式，分别是"复制选定图元到其他楼层"和"从其他楼层复制构件图元"。

8.2.1 复制选定图元到其他楼层

（1）在首层，将图元复制到第2层。切换到绘图输入界面，选择"构件"菜单下的"批量选择构件图元"选项，如图8-1所示，弹出"批量选择构件图元"对话框，勾选全部的构件,单击"确定"按钮。

(2)选择导航栏中的"楼层"选项,在"楼层"菜单下选择"复制选定图元到其他楼层"选项,如图8-2所示,弹出"楼层列表"对话框,在对话框中勾选"第2层",单击"确定"按钮,即可把选择的图元复制到第2层。

图8-1 构件菜单显示界面

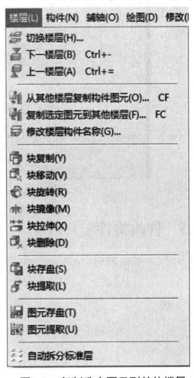

图8-2 复制选定图元到其他楼层

8.2.2 从其它楼层复制构件图元

(1)在绘图工具栏中把楼层切换到第2层,如图8-3所示。

(2)单击"楼层"按钮,在"楼层"菜单下选择"从其它楼层复制构件图元"选项,弹出对话框,如图8-4所示。选择源楼层以及需要复制的构件图元,在"目标楼层选择"中勾选目标楼层第2层,单击"确定"按钮,即将首层的构件复制到了第2层。

图8-3 楼层切换

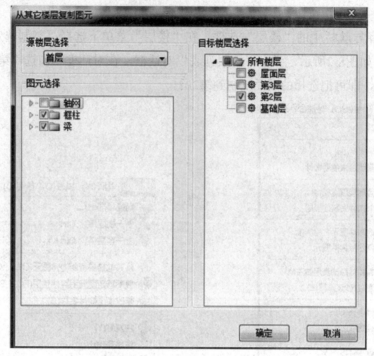

图8-4 从其它楼层复制图元

8.2.3 修改构件

将首层构件复制到第2层时,根据图纸的分析结果对第2层的构件进行修改。

8.3 实训成果

序号	任务及问题	解答
1	如何删除多余的墙体?	
2	如何修改构件的属性?	
3	简述层间复制图元的两种方法。	
4	如何反建构件?	
5	如何复制选定图元到其他楼层?	

8.4 二层土建工程量汇总

序号	项目编码	项目名称	项目特征	单位	工程量
1					
2					
3					
4					
5					
6					
7					
8					
9					
10					

项目9 屋面层土建工程量计算

9.1 技能要求

9.1.1 知识目标

1. 熟练识读屋面层图纸;
2. 掌握挑檐、板洞构件的属性定义并套用做法。

9.1.2 能力目标

1. 掌握屋面层梁、板构件的定义与做法套用;
2. 快速、熟练地绘制挑檐及板洞。

9.2 实训内容

分析图纸结施-010、结施-013和建施-005,发现屋面层有挑檐、板洞。屋面层的梁、板构件的定义、清单匹配与绘制方法同首层,不再详述。本节只讲述挑檐、板洞的绘制方法。

9.2.1 板洞的定义与绘制

1. 板洞的定义

(1)在模块导航栏中选择"板"命令,选择"板洞梁"选项,选择上方导航栏中的"定义"命令,进入板洞的定义界面。单击"新建"按钮,选择"新建矩形板洞"命令。

(2)在属性编辑框中输入相应的属性值,板洞的属性定义如图9-1所示。

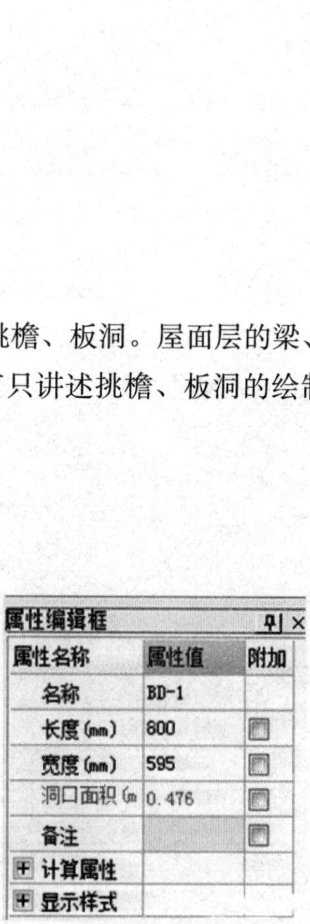

(3)选择"查询匹配清单"选项,显示界面上没有相应的清单匹配项。选择"查询清单库"选项,选择"A.4混凝土以及钢筋混凝土工程"选项,单击"A.4.7现浇混凝土其他

图9-1 板洞属性编辑框

构件梁"按钮,如图9-2所示。选择相匹配的清单项目"010407001其他构件"选项,单击"添加清单"按钮,在界面上方显示已添加上的清单项目,如图9-3所示。

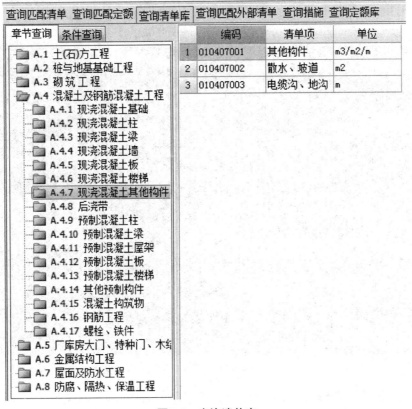

图9-2 查询清单库

图9-3 添加清单界面

2. 板洞的绘制

板洞的绘制方法参考钢筋算量。

9.2.2 挑檐的定义和绘制

1. 挑檐的定义

(1) 在模块导航栏中选择"其他"选项,选择"挑檐"选项,选择上方导航栏中的"定义"命令,进入挑檐的定义界面。单击"新建"按钮,选择"新建线式异形挑檐"选项,弹出"多边形编辑器"对话框,如图9-4所示。单击"定义网格"按钮,弹出对话框,输入水平方向间距和垂直方向间距,单击"确定"按钮,如图9-5所示。弹出对话框,如图9-6所示,单击"画直线"按钮,根据结施-010中挑檐详图,画出挑檐,如图9-7所示,单击"确定"按钮。

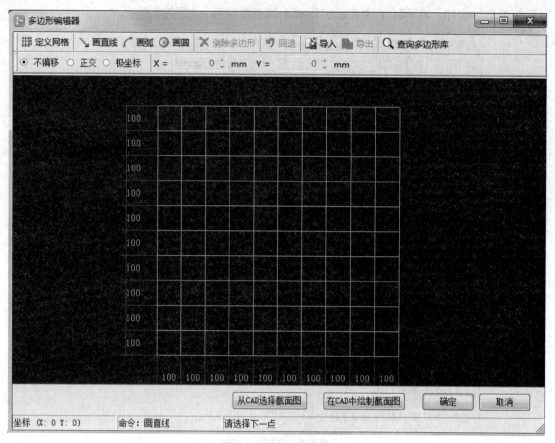

图9-4 多边形编辑器

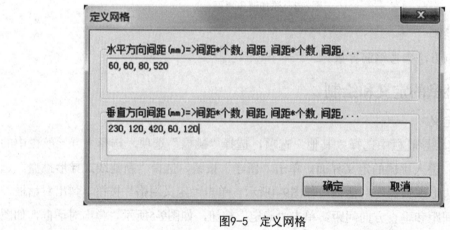

图9-5 定义网格

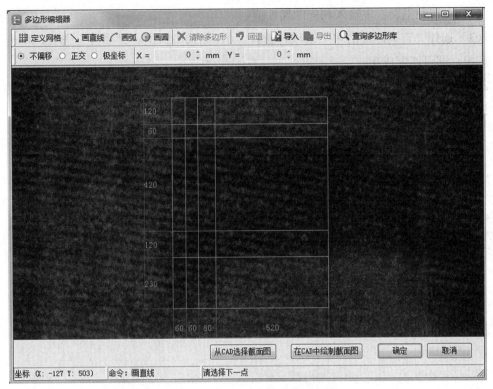

图9-6 定义网格后多边形编辑器

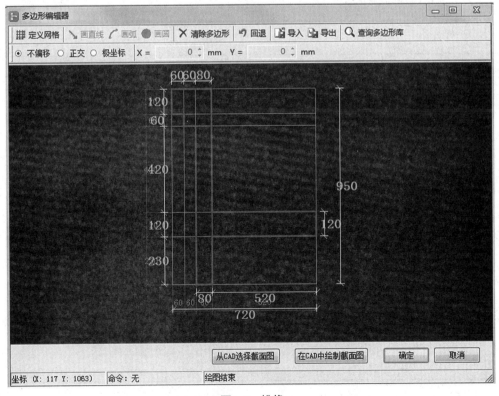

图9-7 挑檐

（2）在属性编辑框中输入相应的属性值。

（3）选择"查询匹配清单"选项，选择"010405007天沟、挑檐板"选项，单击"添加"按钮，即可匹配成功。

2. 挑檐的绘制

挑檐的绘制方法参考钢筋算量。

9.3 实训成果

序号	任务及问题	解答
1	简述屋面板的绘制方法。	
2	简述屋面梁的绘制方法。	
3	简述挑檐的绘制方法。	
4	简述板洞的绘制方法。	
5	简述女儿墙的绘制方法。	

9.4　屋面层土建工程量汇总

序号	项目编码	项目名称	项目特征	单位	工程量
1					
2					
3					
4					
5					
6					
7					
8					
9					
10					

项目10 基础层土建工程量计算（一）

10.1 技能要求

10.1.1 知识目标

1. 熟练识读基础层图纸；
2. 熟悉基础层构件的清单计算规则。

10.1.2 能力目标

1. 能够分析基础层需要计算的内容；
2. 能够定义桩、桩承台、基础梁、独立基础等构件；
3. 能够统计基础层工程量。

10.2 实训内容

10.2.1 桩、桩承台与基础梁的工程量计算

1. 分析图纸

（1）本工程桩基采用振动沉管灌注桩，以黏土层为桩端持力层，桩端进入持力层深度1.5 m以上，桩顶相对标高为－1.45 m，有效桩长20 m。桩身采用C25混凝土制作，共分为$\phi 326$和$\phi 426$两种桩型，混凝土等级为C25。

（2）本工程中垫层兼承台，定义与绘制时按承台操作。承台厚度为100 mm，混凝土等级为C10。

（3）条形基础上为承台梁，截面尺寸为300 mm×600 mm，混凝土等级为C30。

2. 属性定义

（1）桩的属性定义。在模块导航栏中选择"基础"→"桩"选项，在构件列表中单击"新建"→"新建参数化桩"按钮，如图10-1（a）所示，根据图纸中对应尺寸输入D、H、H1值，单击"确定"按钮。在"属性编辑框"中修改桩的"顶标高"，如图10-1（b）所示。

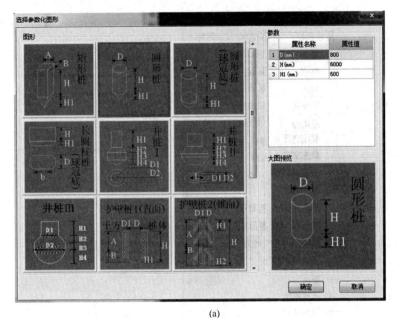

图10-1 桩的属性定义

（2）桩承台的属性定义，如图10-2所示。在模块导航栏中选择"基础"→"桩承台"选项，如图10-2（a）所示，在构件列表中单击"新建"→"新建桩承台"按钮，再单击"新建"→"新建矩形桩承台单元"按钮，如图10-2（b）所示，当承台为台阶式时，则分别设置底和顶，如图10-2（c）所示分几步。如果图纸中的承台只有一阶，就只有底。

图10-2 桩承台的属性定义

（3）基础梁的属性定义，如图10-3所示。在模块导航栏中选择"基础"→"基础梁"选项，在构件列表中单击"新建"→"新建矩形基础梁"按钮，在属性编辑框中输入基础梁基本信息，如图10-3所示。

图10-3 基础梁的属性定义

3. 做法套用

(1) 桩的做法套用,如图10-4所示。

图10-4 桩的做法套用

(2) 桩承台的做法套用,如图10-5所示。

图10-5 桩承台的做法套用

(3) 基础梁的做法套用,如图10-6所示。

图10-6 基础梁的做法套用

4. 画法讲解

(1) 桩的绘制。桩属于点式构件,可采用点绘制,也可用智能布置,与柱的绘制方法相同。

(2) 桩承台的绘制。桩承台属于点式构件,可采用点绘制,也可用智能布置,与桩的绘制方法相同。若桩承台有偏轴线的情况,可选择"设置偏心桩承台"选项进行设置。

(3) 基础梁的绘制。基础梁属于线式构件,可采用直线绘制、矩形绘制,也可用智能布置,与梁的绘制方法相同。

10.2.2 独立基础和条形基础的工程量计算

1. 分析图纸

（1）本工程中的独立基础形式主要有两种，一种是长方体形式；另一种是四棱台形式，底标高均为−1.5 m。

（2）本工程条形基础混凝土强度等级采用C30，底标高为−1.5 m，条形基础底部受力筋Φ8@200，分布筋Φ10@160。

2. 属性定义

（1）独立基础的属性定义。在模块导航栏中选择"基础"→"独立基础"选项，在构件列表中单击"新建"→"新建独立基础"按钮，再根据图纸中独立基础形式新建"矩形独立基础""异形独立基础"或"参数化独立基础"，如图10-7（a）所示，在属性编辑框中修改独立基础的属性，如图10-7（b）所示。

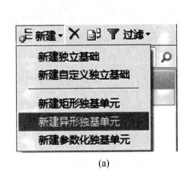

图10-7 独立基础的属性定义

（2）条形基础的属性定义，如图10-8所示。在模块导航栏中选择"基础"→"条形基础"选项，在构件列表中单击"新建"→"新建条形基础"按钮，在属性编辑框中修改条形基础的属性，如图10-8所示。

3. 做法套用

（1）独立基础的做法套用，如图10-9所示。

图10-8 条形基础的属性定义

编码	类别	项目名称	项目特征	单位	工程量表达式	表达式说明	措施项目	专业
1	010401002001	项	独立基础	1. 混凝土强度等级：C30	m3	TJ	TJ〈体积〉	☐	建筑工程

图10-9 独立基础的做法套用

（2）条形基础的做法套用，如图10-10所示。

编码	类别	项目名称	项目特征	单位	工程量表达式	表达式说明	措施项目	专业
1	010401001001	项	带形基础	1. 混凝土强度等级：C30	m3	TJ	TJ〈体积〉	☐	建筑工程

图10-10 条形基础的做法套用

4．画法讲解

（1）独立基础。独立基础属于点式构件，可采用点绘制，也可用智能布置，与桩的绘制方法相同。若独立基础有偏轴线的情况，可选择"设置偏心独立基础"选项进行设置。

（2）条形基础。条形基础属于线式构件，可采用直线绘制、矩形绘制，也可用智能布置，与梁的绘制方法相同。

10.3 实训成果

序号	任务及问题	解答
1	简述桩的绘制方法。	
2	简述桩承台的绘制方法。	
3	简述基础梁的绘制方法。	
4	简述独立基础的绘制方法。	
5	简述条形基础的绘制方法。	
6	基础平面图中有几种独立基础？	
7	本工程中，桩的类型有几种？	
8	简要画出桩、承台与独立基础的位置关系图。	
9	本工程中承台的厚度是多少？	
10	本工程中条形基础的截面尺寸是多少？	
11	输入桩时，绘图输入与单构件输入有什么区别？	
12	承台的作用是什么？	

工程量清单计价表

序号	项目编码	项目名称	项目特征	计量单位	工程量	金额/元	
						综合单价	合价
1							
2							
3							
4							
5							
6							
7							

项目11 基础层土建工程量计算（二）

11.1 技能要求

11.1.1 知识目标

1. 熟练识读基础层图纸；
2. 熟悉土方开挖及回填的清单计算规则。

11.1.2 能力目标

1. 能够分析基础层需要计算的内容；
2. 能够定义土方开挖及回填工程量。

11.2 实训内容

11.2.1 土方开挖及回填工程量计算

1. 分析图纸

分析结施-003，本工程土方属于大开挖土方，开挖深度为1.6 m。

2. 土方工程量的定义与绘制

（1）基础大开挖土方。大开挖土方可以新建，也可以根据软件处理构件的关联性进行反建与绘制。

在垫层绘图界面，单击"自动生成土方"按钮，弹出如图11-1所示"请选择生成的土方类型"对话框，选择"大开挖土方"选项和"垫层底"选项，单击"确定"按钮后，弹出如图11-2所示"生成方式及相关属性"对话框，输入对应数据，软件会自动生成大开挖土方及灰土回填。

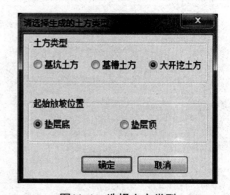

图11-1 选择土方类型

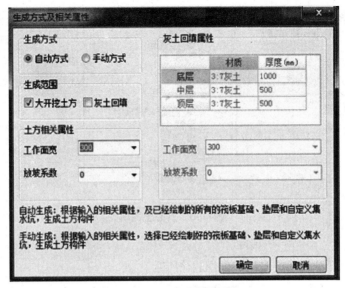

图11-2 生成方式及相关属性

（2）基坑大开挖。基坑土方开挖的生成方式和大开挖不同，本构件需要使用点画法。首先定义基坑，下面以JK-1为例，如图11-3所示。

图11-3 基坑大开挖的定义

定义好基坑后，进入"绘图"界面，在需要绘制基坑土方的位置点画基坑土方。

（3）房心土回填的属性定义。在模块导航栏中选择"土方"→"房心回填"选项，在构件列表中单击"新建"→"新建房心回填"按钮，其属性定义如图11-4所示。

图11-4 房心土回填的属性定义

（4）房心土回填的画法讲解。选择"智能布置"→"拉框布置"选项，框选后单击右键确定。可以不用绘制，直接依附到房间里，如图11-5所示。

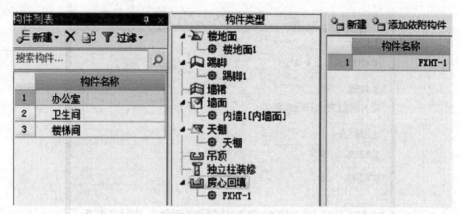

图11-5 房心土回填

3. 做法套用

（1）土方大开挖的做法套用，如图11-6所示。

图11-6 土方开挖的做法套用

（2）土方回填的做法套用，如图11-7所示。

图11-7 土方回填的做法套用

（3）房心土回填的做法套用，如图11-8所示。

图11-8 房心土回填的做法套用

11.3　实训成果

序号	任务及问题	解答
1	基础回填土和房心回填土有什么区别，在软件中如何处理？	
2	基础回填土方中的素土和灰土各是什么意思，有什么区别？	
3	回填土是如何计算的？	
4	挖土方工程量计算时，放坡系数应如何确定？	

续表

序号	任务及问题	解答
5	放坡起始位置是从垫层底开始还是从垫层顶开始?	
6	土方的工作面是从垫层边开始计算还是从基础边开始计算?	
7	自动生成土方时,如何选择土方类型?	
8	自动生成土方后,土方的挖土深度如何调整?	
9	自动生成土方后,土方的各边工作面不一致时应如何调整?	
10	自动生成土方后,土方的各边放坡系数不一致时应如何调整?	
11	大开挖、基坑、基槽的计算式,相互扣减的优先级是怎样的?	

工程量清单计价表

| 序号 | 项目编码 | 项目名称 | 项目特征 | 计量单位 | 工程量 | 金额/元 ||
						综合单价	合价
1							
2							
3							
4							
5							
6							
7							

项目12　其他土建工程量计算

12.1　技能要求

12.1.1　知识目标

1. 熟练识读首层图纸；
2. 熟悉台阶、散水、平整场地、建筑面积的清单计算规则。

12.1.2　能力目标

1. 能够依据清单分析首层台阶、散水、平整场地、建筑面积的工程量计算规则；
2. 能够定义台阶、散水、平整场地、建筑面积的工程量计算规则；
3. 能够绘制台阶、散水、平整场地、建筑面积；
4. 能够统计台阶、散水、平整场地、建筑面积的工程量。

12.2　实训内容

12.2.1　台阶、散水工程量计算

1. 分析图纸

结合建施-002，可从平面图中得到台阶、散水的信息，本层台阶和散水的截面尺寸如下：

台阶：踏步宽度为300 mm，踏步个数为2，顶标高为首层底标高。

散水：宽度为600 mm，沿建筑物外墙外边线布置。

2. 属性定义

（1）台阶的属性定义。在模块导航栏中选择"其他"→"台阶"选项，在构件列表中单击"新建"→"新建台阶"按钮，新建台阶1，根据图纸中台阶的尺寸标注，在属性编辑框中输入相应的属性值，如图12-1所示。

图12-1　台阶的属性定义

（2）散水的属性定义。在模块导航栏中选择“其他”→“散水”选项，在构件列表中单击“新建”→“新建散水”按钮，新建散水1，根据图纸中散水的尺寸标注，在属性编辑框中输入相应的属性值，如图12-2所示。

属性编辑框

属性名称	属性值	附加
名称	散水1	
厚度(mm)	100	☐
备注		☐
+ 计算属性		
+ 显示样式		

图12-2　散水的属性定义

3. 做法套用

（1）台阶的做法套用，如图12-3所示。

	编码	类别	项目名称	项目特征	单位	工程量表达式	表达式说明	措施项目	专业
1	020108001	项	石材台阶面	1. 垫层材料种类、厚度：C15混凝土，60厚 2. 找平层厚度、砂浆配合比：20厚，1:3水泥砂浆 3. 粘结层材料种类：1:1水泥砂浆结合层 4. 面层材料品种、规格、品牌、颜色：20厚毛面花岗岩面层，水泥砂浆擦缝	m2	TBKLMCMJ	TBKLMCMJ<踏步块料面层面积>	☐	装饰装修工程

图12-3　台阶的做法套用

（2）散水的做法套用，如图12-4所示。

	编码	类别	项目名称	项目特征	单位	工程量表达式	表达式说明	措施项目	专业
1	010407002	项	散水、坡道	1. 垫层材料种类、厚度：80厚压实碎石 2. 面层厚度：70厚C15混凝土提浆抹光	m2	MJ	MJ<面积>	☐	建筑工程

图12-4　散水的做法套用

4. 画法讲解

（1）台阶。直线绘制台阶。台阶属于面式构件，因此，可用直线绘制，也可用点绘制，这里用直线绘制法。首先做好辅助轴线，然后选择“直线”命令，单击交点形成闭合区域即可绘制台阶。

（2）散水。散水同样属于面式构件，因此，可用直线绘制，也可用点绘制，这里用智能布置法。先在④轴与⑦轴之间绘制一道虚墙，与外墙平齐形成封闭区域，选择“智能布置”→“外墙外边线”选项，在弹出的对话框中输入散水宽度，单击“确定”按钮即可，与台阶相交部分软件会自动扣减。注意坡道处没有散水，可以用分割的方法进行处理。

12.2.2　建筑面积、平整场地工程量计算

1. 分析图纸

分析首层平面图可知，本层建筑面积分为楼层建筑面积和雨棚建筑面积两部分。建筑面积与措施项目费用有关，在计价软件中处理，此处不套用清单。

2. 属性定义

(1) 平整场地的属性定义。在模块导航栏中选择"其他"→"平整场地"选项,在构件列表中单击"新建"→"新建平整场地"按钮,在属性编辑框中输入相应的属性值,如图12-5所示。

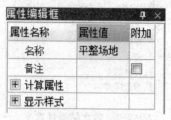

图12-5 平整场地的属性定义

(2) 建筑面积的属性定义。在模块导航栏中选择"其他"→"建筑面积"选项,在构件列表中单击"新建"→"新建建筑面积"按钮,在属性编辑框中输入相应的属性值,注意在"建筑面积计算"中根据实际情况选择计算全部还是计算一半,如图12-6所示。

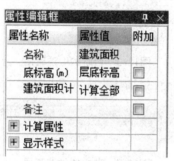

图12-6 建筑面积的属性定义

3. 做法套用

平整场地的做法套用,如图12-7所示。

图12-7 平整场地的做法套用

4. 画法讲解

(1) 平整场地的绘制。平整场地属于面式构件,可用直线绘制,也可用点绘制。下面以点画为例,将所绘制区域用外虚墙封闭,在绘制区域内单击左键即可。坡道处存在挖土方,同样需要平整场地。

(2) 建筑面积的绘制。建筑面积绘制同平整场地,门厅处按1/2计算。另外,建筑面积在地上的每一层都有,在绘制其他楼层时需要注意绘制建筑面积。

12.3 实训成果

序号	任务及问题	解答
1	识读图纸，读取到哪些与台阶相关的知识？	
2	识读图纸，读取到哪些与散水相关的知识？	
3	当一层建筑面积计算规则不一样时，应该怎样处理？	
4	绘制台阶时，怎样在台阶对应边画出踏步。	
5	台阶的绘制方法有哪些？	
6	台阶与平台的默认分界线在什么位置？	

工程量清单计价表

序号	项目编码	项目名称	项目特征	计量单位	工程量	金额/元	
						综合单价	合价
1							
2							
3							
4							
5							
6							
7							

项目13　装饰装修工程量计算

13.1　技能要求

13.1.1　知识目标

1. 熟练识读图纸说明中装饰装修部分；
2. 熟悉楼地面、天棚、墙面和踢脚的清单计算规则。

13.1.2　能力目标

1. 能够定义楼地面、天棚、墙面和踢脚；
2. 能够在房间中添加依附构件；
3. 能够统计各层的装修工程量。

13.2　实训内容

13.2.1　装修构件的工程量计算

1. 分析图纸

分析建施-001的装修做法和建施-002的平面图，首层有三种类型的房间，即宿舍、楼梯、卫生间。装修做法有地面、踢脚、内墙、天棚。

2. 属性定义

（1）楼地面的属性定义。选择模块导航栏中的"装修"→"楼地面"选项，在构件列表中单击"新建"→"新建楼地面"按钮，在属性编辑框中输入相应属性值，如有房间需要计算防水，要在"是否计算防水"中选择"是"，如图13-1所示。

图13-1　楼地面的属性定义

（2）天棚的属性定义，如图13-2所示。

（3）踢脚的属性定义，如图13-3所示。

图13-2 天棚的属性定义

图13-3 踢脚的属性定义

（4）墙面的属性定义。

1）新建内墙面构件的属性定义，如图13-4（a）所示；

2）新建外墙面构件的属性定义，如图13-4（b）所示。

图13-4 墙面的属性定义

（5）房间的属性定义。通过"添加依附构件"选项，建立房间中的装修构件。构件名称下楼面1可以切换成楼面2或楼面3，其他的依附构件也是同理进行操作，如图13-5所示。

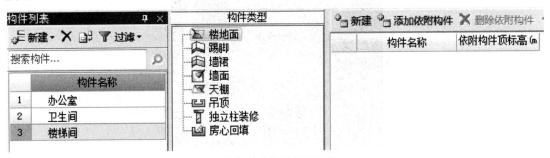

图13-5 房间的属性定义

3. 做法套用

（1）楼地面的做法套用，如图13-6所示。

编码	类别	项目名称	项目特征	单位	工程量表达式	表达式说明	措施项目	专业
020102002001	项	块料楼地面	1. 找平层厚度、砂浆配合比：15厚1:3水泥砂浆 2. 结合层厚度、砂浆配合比：15厚1:2水泥砂浆 3. 面层材料品种、规格、品牌、颜色：600*600地砖	m2	KLDMJ	KLDMJ〈块料地面积〉	□	装饰装修工程

图13-6 楼地面的做法套用

（2）天棚的做法套用，如图13-7所示。

编码	类别	项目名称	项目特征	单位	工程量表达式	表达式说明	措施项目	专业
020301001	项	天棚抹灰	1. 基层类型：素水泥浆一道	m2	TPMHMJ	TPMHMJ〈天棚抹灰面积〉	□	装饰装修工程

图13-7 天棚的做法套用

（3）墙面的做法套用，如图13-8所示。

编码	类别	项目名称	项目特征	单位	工程量表达式	表达式说明	措施项目	专业
020201002	项	墙面装饰抹灰	1. 墙体类型：外墙 2. 底层厚度、砂浆配合比：1:3水泥砂浆 3. 面层厚度、砂浆配合比：6mm 1:2水泥砂浆 4. 装饰面材料种类：防水涂料	m2	QMMHMJ	QMMHMJ〈墙面抹灰面积〉	□	装饰装修工程

图13-8 墙面的做法套用

（4）踢脚的做法套用，如图13-9所示。

编码	类别	项目名称	项目特征	单位	工程量表达式	表达式说明	措施项目	专业
020105003001	项	块料踢脚线	1. 踢脚线高度：150 2. 底层厚度、砂浆配合比：12厚1:3水泥砂浆 3. 面层材料品种、规格、品牌、颜色：黑色地砖	m2	TJKLMJ	TJKLMJ〈踢脚块料面积〉	□	装饰装修工程

图13-9 踢脚的做法套用

4. 房间的绘制

（1）点画。按照平面图中的房间类型，确定房间的名称，选择软件中建立好的房间，在要布置装修的房间内单击鼠标，房间中的装修即自动布置上去。绘制好的房间，用三维查看效果，如图13-10所示。不同墙的材质内墙面图元的颜色不一样，混凝土墙的内墙面装修默认为黄色。

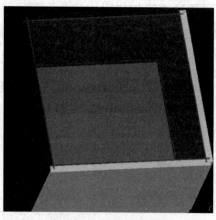

图13-10 房间的装修

（2）定义立面防水高度。切换到楼地面的构件，选择"定义立面防水高度"选项，单击卫生间的四面，选中要设置的立面防水的边，变成蓝色，单击右键确认，弹出如图13-11所示"请输入立面防水高度"对话框，输入"300"，单击"确定"按钮，立面防水图元绘制完成。

图13-11　定义立面防水

13.3　实训成果

序号	任务及问题	解答
1	简述楼地面装饰装修的绘制方法。	
2	简述踢脚线装饰装修的绘制方法。	
3	简述天棚吊顶装饰装修的绘制方法。	
4	简述内墙抹灰的绘制方法。	
5	简述外墙面贴大理石面砖的绘制方法。	
6	如果绘制房间图元，房间不封闭，应怎样解决？	

工程量清单计价表

序号	项目编码	项目名称	项目特征	计量单位	工程量	金额/元	
						综合单价	合价
1							
2							
3							
4							
5							
6							
7							
8							
9							
10							
11							
12							
13							
14							
15							
16							
17							
18							
19							
20							
21							

项目14　工程量清单计价

14.1　技能要求

14.1.1　知识目标

1. 了解工程概况及招标范围；
2. 了解招标控制价编制依据；
3. 了解工程造价编制要求；
4. 运用计价软件完成预算工作。

14.1.2　能力目标

1. 能够熟练建立建设项目、单项工程和单位工程；
2. 能够熟练描述项目特征，增加、补充清单项；
3. 能够调整人材机系数，换算混凝土、砂浆强度等级。

14.2　实训内容

14.2.1　招标控制价编制要求

1. 工程概况及招标范围

（1）工程概况：本工程标段为广联达职工宿舍1号楼，总面积为1 131 m²，室内外高差为300 mm，±0.000相对黄海标高为5.800，建筑总高度为10.800。

（2）工程地点：××市区。

（3）招标范围：建筑施工图内全部内容。

2. 招标控制价编制依据

该工程的招标控制价依据为《建设工程工程量清单计价规范》（GB 50500—2013）、《陕西省建设工程工程量清单计价规则》（2009）及配套解释、相关规定，结合工程设计及相关资料、施工现场情况、工程特点及合理的施工方法，以及建设工程项目的相关标准、规范、技术资料编制。

3. 造价编制要求

（1）价格约定。

1）除暂估材料及甲供材料外，材料价格按"陕西省咸阳市2015年第6期信息价"计取。

2）人工费按65元/工日计取。

3）税金按3.41%计取。

4）暂列金额为40万元。

（2）其他要求。

1）不考虑土方外运，不考虑买土。

2）不考虑总承包服务费及施工配合费。

4. 甲供材料一览表（表14-1）

表14-1　甲供材料一览表

序号	名称	规格型号	计量单位	单价/元
1	普通硅酸盐水泥	P.（42.5）袋装	t	255.00
2	普通硅酸盐水泥	P.（42.5）散装	t	225.00
3	普通硅酸盐水泥	P.（52.5）袋装	t	415.00
4	普通硅酸盐水泥	P.（52.5）散装	t	375.00
5	复合硅酸盐水泥	P.C（32.5）袋装	t	215.00
6	低碱硅酸盐水泥	P.（42.5）低碱	t	275.00

5. 材料暂估单价表（表14-2）

表14-2　材料暂估单价表

序号	材料号	费用类别	材料名称	计量单位	暂定价
TLC1212	1 200×1 200	材料费	塑钢推拉窗	m²	260

6. 评分办法表（表14-3）

表14-3　评分办法表

序号	评标内容	分值范围	说明
1	工程造价	80	不可竞争费单列
2	工程工期	5	按招标文件要求工期进行评定
3	工程质量	5	按招标文件要求质量进行评定
4	施工组织设计	10	按招标工程的施工要求、性质等进行评定

14.2.2 新建招标项目结构

1. 任务分析

要求：建立招标项目结构及导入算量工程。

描述：本招标项目标段为广联达职工宿舍1号楼。

2. 操作步骤

（1）新建项目。鼠标左键单击"新建项目"按钮，如图14-1所示。

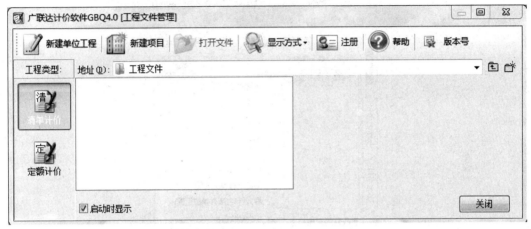

图14-1 新建项目

（2）进入新建标段工程，如图14-2所示。

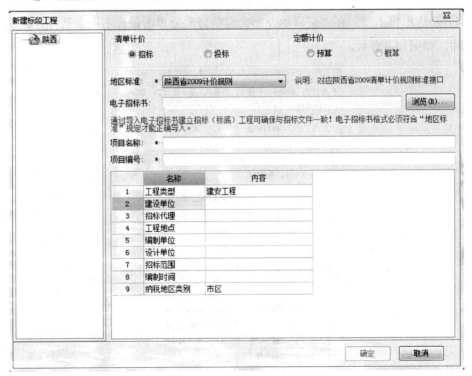

图14-2 新建标段工程

本项目的计价方式：清单计价。

项目名称：广联达办公大厦项目。

项目编号：20160118。

（3）新建单项工程。在"广联达办公大厦项目"处单击鼠标右键，选择"新建单项工程"选项，如图14-3所示。

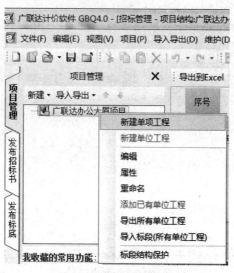

图14-3　新建单项工程

注：在建设项目下，可以新建单项工程；在单项工程下，可以新建单位工程。

（4）新建单位工程。在"广联达办公大厦项目"处单击鼠标右键，选择"新建单位工程"选项，如图14-4所示。

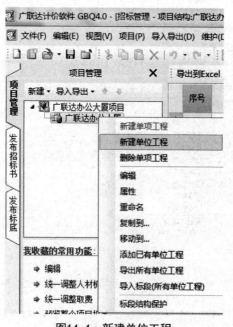

图14-4　新建单位工程

14.2.3 导入图形算量工程文件

1. 任务分析

（1）将图形算量的工程量导入计价软件中，并在计价软件中进行一些整理操作。

（2）检查项目清单特征描述是否完善。

2. 操作步骤

（1）导入图形算量文件。双击进入单位工程界面，单击"导入导出"，选择"导入广联达土建算量工程文件"，如图14-5所示。弹出如图14-6所示"导入广联达土建算量工程文件"对话框，选择算量文件所在位置，然后检查列是否对应，无误后单击"导入"按钮即可完成图形算量文件的导入。

图14-5 选择"导入广联达土建算量工程文件"

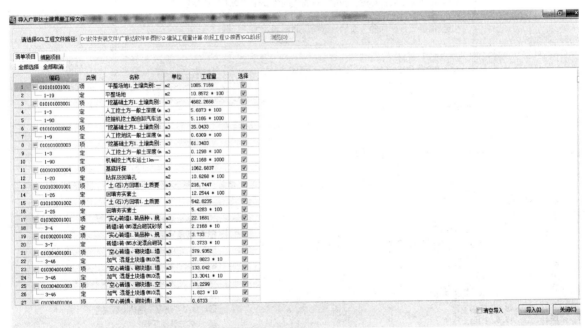

图14-6 导入广联达土建算量工程文件

（2）整理清单项。在分部分项界面进行分部分项整理清单项。

1）单击"整理清单"按钮，选择"分部整理"选项如图14-7所示。

图14-7 选择"分部整理"选项

2）弹出如图14-8所示"分部整理"对话框，然后选择按专业、章、节整理，单击"确定"按钮。

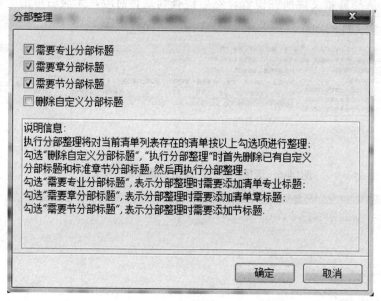

图14-8 "分部整理"对话框

3）清单项整理完成后，如图14-9所示。

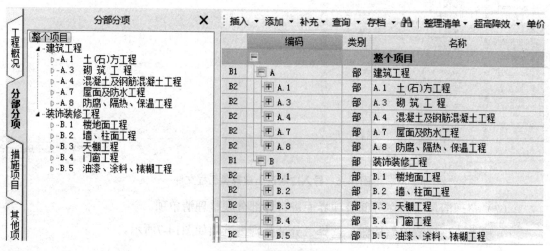

图14-9 完成分部整理

（3）项目特征描述。项目特征描述主要有以下三种方法：

1）图形算量中已包含项目特征描述的，可以在"特征及内容"界面下，选择"应用规则到全部清单项"选项即可，如图14-10所示。

图14-10 应用规则到全部清单项

2）选择清单项，在"特征及内容"界面可以进行添加或修改来完善项目特征，如图14-11所示。

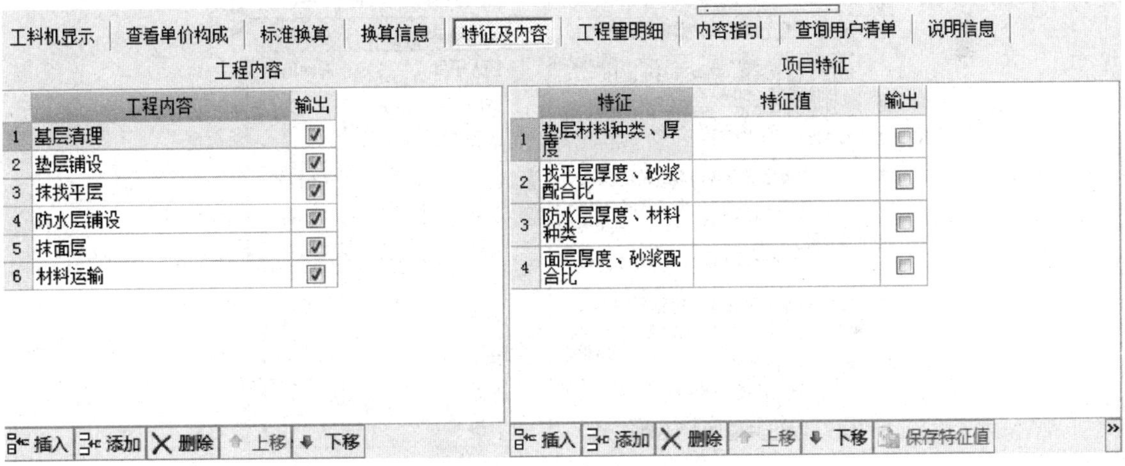

图14-11 完善项目特征

3）直接单击清单项中"项目特征"对话框，进行修改或添加，如图14-12所示。

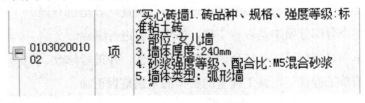

图14-12 补充项目特征

（4）补充清单项。完善分部分项清单，将项目特征补充完善。补充清单项主要有以下两种方法：

1）单击"添加"按钮，选择"添加清单项"和"添加子目"选项，如图14-13所示。

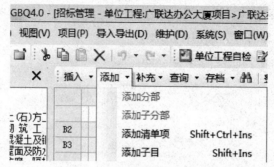

图14-13 添加清单项及子目

2）右键单击选择"插入清单项"和"插入子目"选项，如图14-14所示。

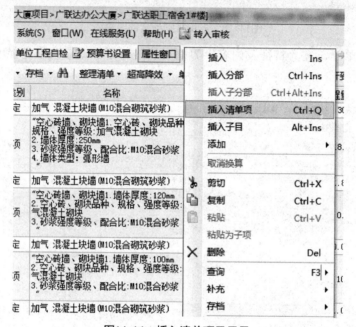

图14-14 插入清单项及子目

3. 检查与整理

（1）对分部分项的清单与定额的套用做法进行检查，看是否有误。

（2）查看整个分部分项中是否有空格，如果有要进行删除。

（3）按清单项目特征描述校核套用定额的一致性，并进行修改。

（4）查看清单工程量与定额工程量的数据的差别是否正确。

14.2.4 计价中的换算

1. 任务分析

（1）所有换算在计价中进行。

（2）换算：结合清单的项目特征对照分析，是否需要进行换算。

2. 操作步骤

（1）替换子目。根据清单项目特征描述校核套用定额的一致性，如果套用子目不合适，可以单击"查询"按钮，选择相应子目进行"替换"，如图14-15所示。

图14-15 替换子目

（2）子目换算。按清单描述进行子目换算时，主要包括两个方面的换算。

1）换算混凝土、砂浆强度等级，有以下两种方法：

①标准换算。选择需要换算混凝土强度等级的定额子目，在标准换算界面下选择相应的混凝土强度等级，本项目选用的混凝土全部为商品混凝土，如图14-16所示。

编码	类别	名称	单位	工程量表达式
B3 A.4.1	部	A.4.1 现浇混凝土基础		
1 010401003001	项	"满堂基础1.混凝土强度等级:C25	m3	11.1769
B4-1	定	C25混凝土非现场搅拌	m3	11.1769
2 010401003002	项	"满堂基础1.混凝土强度等级:C30 2.混凝土拌和料要求:商品混凝土 3.基础类型:有梁式满堂基础 4.抗渗等级:P8	m3	642.2224
4-2 HC01521 C02076	换	C20毛石混凝土 换为【普通砼（坍落度100m m以上），C20，坍落度（180～220mm）水泥32.5】	m3	642.2224

图14-16 换算混凝土强度等级

②人材机批量换算。对于项目特征要求混凝土强度等级相同的，选中所有要求混凝土强度等级的清单或子目，可运用"批量换算"中的"人材机批量换算"对混凝土进行换算，如图14-17所示。

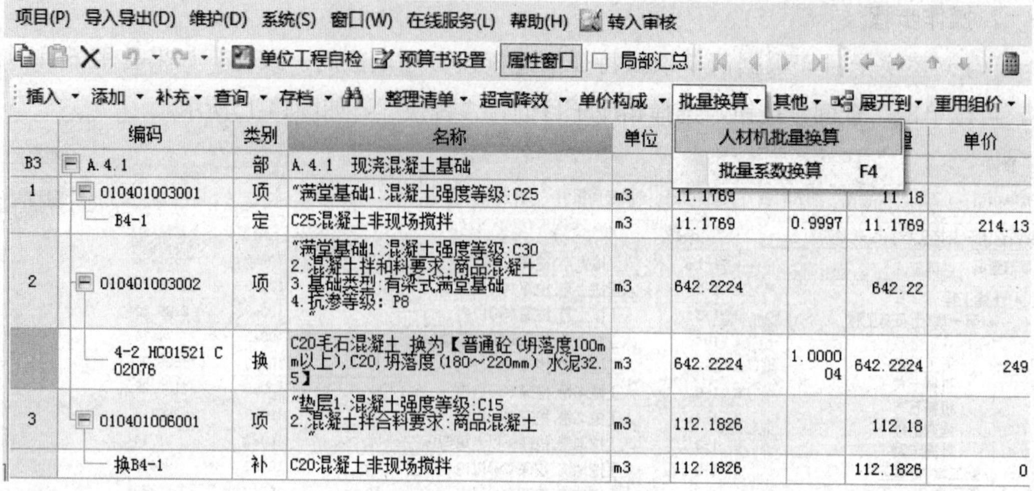

图14-17 选择人材机批量换算

在"人材机批量换算"界面,按图14-18所示提示操作进行批量换算。选择相对应的混凝土强度等级,执行批量换算。

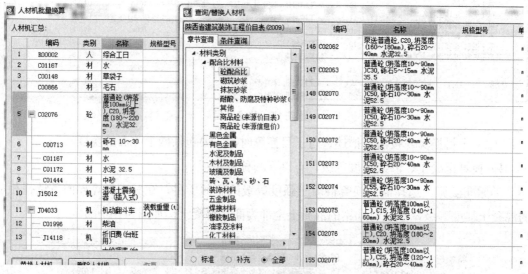

图14-18 执行批量换算

2)修改材料名称。当项目特征中要求材料与子目相对应人材机材料不相符时,需要对材料名称进行修改,如图14-19所示。

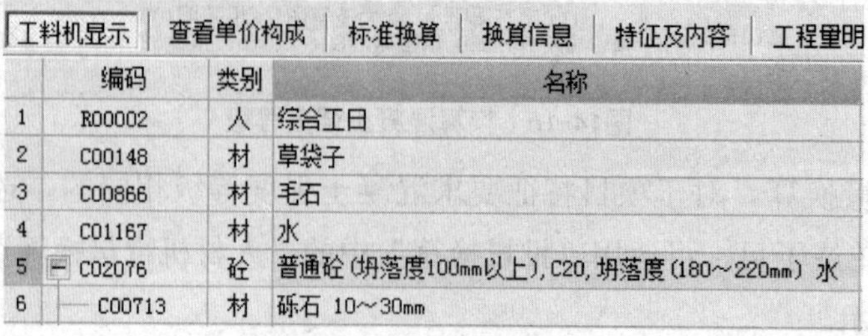

图14-19 修改材料名称

14.2.5 其他项目清单

1. 任务分析

要求：编制其他项目清单。

描述：按本工程控制价编制要求，本工程暂列金额为400 000元。

2. 操作步骤

（1）添加暂列金额。单击"其他项目"按钮，选择"暂列金额"选项，如图14-20所示。按招标文件暂列金额为400 000元，在名称中输入"暂估工程价"，在金额中输入"400 000"。

序号	名称	计量单位	暂定金额	备注
1	暂估工程价	元	400000	

图14-20 暂列金额

（2）添加计日工。单击"其他项目"按钮，选择"计日工费用"选项。按招标文件要求，本项目有计日工费用，需要添加计日工，人工为65元/工日，如图14-21所示。

	序号	名称	单位	数量	单价	合价
1		计日工费用				0
2	1	人工				0
3		人工费用	工日		65	0
4	2	材料				0
5	3	机械				0

图14-21 计日工费用

14.2.6 编制措施项目

1. 任务分析

要求：编制措施项目清单。

描述：（1）本项目不考虑二次搬运、夜间施工及冬雨期施工。

（2）提取分部分项模板子目，完成模板费用的编制。

2. 操作步骤

（1）本工程安全文明施工费足额计取，按软件默认即可，不用修改。

（2）提取模板子目，正确选择对应模板子目以及需要计算超高的子目，如图14-22所示。

4-16	定	现浇构件模板 带形基础无筋毛石混凝土	m3		11.1769	108.79	1215.93
4-69	定	现浇构件模板 层高超过3.6m每增加1m墙、柱	m3		11.1769	17.88	199.84
4-17	定	现浇构件模板 带形基础钢筋混凝土无梁式	m3		642.2224	31.32	20114.41
4-69	定	现浇构件模板 层高超过3.6m每增加1m墙、柱	m3		642.2224	17.88	11482.94
4-36	定	现浇构件模板 基础梁	m3		1.39	250.38	348.03
4-69	定	现浇构件模板 层高超过3.6m每增加1m墙、柱	m3		1.39	17.88	24.85

图14-22 模板子目

14.2.7 调整人材机

1. 任务分析

要求：调整人材机费用。

描述：（1）按照招标文件规定，计取相应的人工费。

（2）材料价格按市场价调整。

（3）根据招标文件，编制甲供材料及暂估材料。

2. 操作步骤

（1）在"人材机汇总"界面下，参照招标文件的要求，双击对应材料市场价，对材料"市场价"进行调整，如图14-23所示。

87	C01126	材	石灰膏		kg	28032.3192	0.5	0.5	14016.16	0	0
88	C01127	材	石料切割锯片		片	25.3171	60	60	1519.03	0	0
89	C01141	材	石油沥青 30#		kg	32.2575	3	3	96.77	0	0
90	C01167	材	水		m³	1310.0759	3.85	3.85	5043.79	0	0
91	C01172	材	水泥 32.5		kg	369512.184	0.32	0.215	79445.12	-0.105	-38798.78
92	C01173	材	水泥 42.5		kg	27674.7156	0.36	0.36	9962.9	0	0

图14-23　调整市场价

（2）按照招标文件的要求，对于甲供材料可以在供货方式处选择"完全甲供"选项，如图14-24所示。

90	C01167	材	水		m³	1310.0759	3.85	3.85	5043.79	0	0	自行采购
91	C01172	材	水泥 32.5		kg	369512.184	0.32	0.215	79445.12	-0.105	-38798.78	
92	C01173	材	水泥 42.5		kg	27674.7156	0.36	0.36	9962.9	0	0	自行采购
93	C01174	材	水泥(综合)		kg	67.6866	0.36	0.36	24.37	0	0	部分甲供
94	C01177	材	水泥钉			3.0253	6.3	6.3	19.06	0	0	甲定乙供

图14-24　选择供货方式

14.2.8 计取规费和税金

1. 任务分析

要求：调整报表使其符合招标文件要求。

描述：（1）根据施工地点选择相应的模板并载入。

（2）在预览表状态下对报表格式及相关内容进行调整和修改，使其符合招标文件的要求。

2. 操作步骤

（1）在"费用汇总"界面，根据招标文件中的施工地点，选择正确的模板进行载入。本工程施工地点在某室内，所以，应选择"人工费按市场价取费"选项，如图14-25所示。

（2）进入"报表"界面，选择"招标最高限价"选项，单击需要输出的报表，单击右键选择"报表设计"选项，如图14-26所示；或直接单击"报表设计器"按钮，进入"报表设计器"界面，如图14-27所示，调整列宽及行距。

图14-25 载入模板

图14-26 报表设计

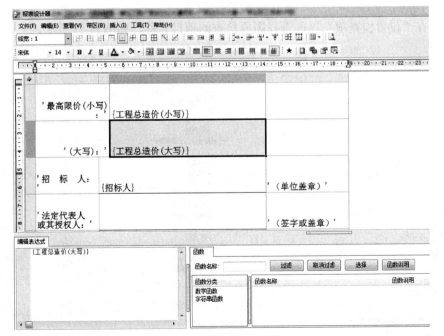

图14-27 报表设计器界面

（3）单击文件，选择"报表预览"选项，如需修改，关闭预览，重新调整。预览结果如图14-28所示。

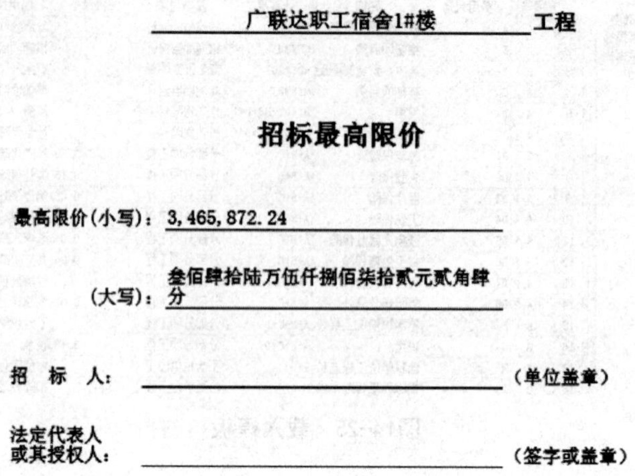

_____广联达职工宿舍1#楼_____工程

招标最高限价

最高限价(小写)：3,465,872.24

(大写)：叁佰肆拾陆万伍仟捌佰柒拾贰元贰角肆分

招　标　人：_____（单位盖章）

法定代表人
或其授权人：_____（签字或盖章）

图14-28　报表预览

14.2.9　生成电子招标文件

1. 任务分析

要求：生成招标书。

描述：对招标书自检，生成招标书。

2. 操作步骤

（1）在项目结构管理界面进入"发布招标书"，选择"招标书自检"选项，如图14-29所示。

（2）在"设置检查项"界面选择需要检查的项目名称，如图14-30所示。

图14-29　招标书自检

图14-30　设置检查项

（3）根据生成的"标书检查报告"对单位工程内容进行修改，标书检查报告如图14-31所示。

图14-31 标书检查报告

14.3 实训成果

序号	任务及问题	解答
1	在广联达计价软件中，如何新建工程？	
2	输入清单编码有几种方法？具体应如何操作？	
3	清单工程量的输入方法有哪些？	
4	项目特征描述的方法有哪几种？	
5	如何进行清单排序与分部整理？	
6	怎样批量修改人材机属性？	
7	简述定额的输入方法。	
8	如何进行定额的换算？	
9	如何调整清单综合单价费用构成？	
10	如何对砌筑工程部分进行砂浆换算？	
11	如何完善工料机中加气混凝土砌块的规格？	

措施项目清单计价表

工程名称：_____ 专业：_____ 第__页 共__页

序号	项目名称	计量单位	工程数量	金额/元	
				综合单价	合价
1					
2					
3					
4					
5					
6					
7					
8					
9					
10					
11					
12					
13					
14					
15					
16					
17					
18					
19					
20	合 计				

其他项目清单计价表

工程名称：_____ 专业：_____ 第__页 共__页

序号	项目名称	计量单位	工程数量	金额/元	
				综合单价	合价
1					
2					
3					
4					
5					
6					
7					
8					
9					

续表

序号	项目名称	计量单位	工程数量	金额/元	
				综合单价	合价
10					
11					
12					
13					
14					
15					
16					
17					
18					
19					
20	合 计				

计日工计价表

工程名称：_____　　　　　专业：_____　　　　　第__页　共__页

序号	项目名称	计量单位	工程数量	金额/元	
				综合单价	合价
1					
2					
3					
4					
5					
6					
7					
8					
9					
10					
11					
12					
13					
14					
15					
16					
17					
18					
19					
20	合 计				

规费、税金清单计价表

工程名称:_____   专业:_____   第__页 共__页

序号	项目名称	计量单位	工程数量	金额/元	
				综合单价	合价
1					
2					
3					
4					
5					
6					
7					
8					
9					
10					
11					
12					
13					
14					
15					
16					
17					
18					
19					
20	合 计				

项目15　实训总结

1. 目的要求

学生根据实训结果及过程中遇到的主要问题，写出总结，教师根据学生实训总结及指导过程中遇到的问题进行总结与反思，为以后的教学奠定基础。

2. 实训总结

参考文献

[1] 王全杰,张冬秀,朱溢镕.钢筋工程量计算实训教程[M].重庆:重庆大学出版社,2012.

[2] 张玉生,王全杰,张学钢.工程量清单计价实训教程[M].重庆:重庆大学出版社,2012.

[3] 张玉生,王全杰,张小林.建筑工程量计算实训教程[M].重庆:重庆大学出版社,2012.

[4] 蔡红新,温艳芳,吕宗斌.建筑工程计量与计价实务[M].北京:北京理工大学出版社,2011.

项目编辑：李 鹏
策划编辑：李 鹏
封面设计：风语纵贯线

Yusuan Ruanjian
Shiwu

预算软件实务

免费电子教案下载地址
www.bitpress.com.cn

北京理工大学出版社
BEIJING INSTITUTE OF TECHNOLOGY PRESS

通信地址：北京市丰台区四合庄路6号
邮政编码：100070
电话：010-68914026 68944437
网址：www.bitpress.com.cn

关注理工职教
获取优质学习资源

定价：49.00元